小狐狸Yann的
法 式 甜 点 宝 典

〔法〕扬·库夫勒尔　著
汤　旎　译

中国科学技术大学出版社

安徽省版权局著作权合同登记号：第12181869号

©2017 Editions Solar（for La patisserie de Yann Couvreur）

Simplified Chinese edition arranged through Ye ZHANG Agency（www.ye-zhang.com）

图书在版编目（CIP）数据

小狐狸Yann的法式甜点宝典/（法）扬·库夫勒尔（Yann Couvreur）著；汤旎译.—合肥：中国科学技术大学出版社，2020.4

ISBN 978-7-312-04786-2

Ⅰ.小… Ⅱ.①扬… ②汤… Ⅲ.甜食—制作—法国 Ⅳ.TS972.134

中国版本图书馆CIP数据核字（2019）第208941号

出版　中国科学技术大学出版社

　　　安徽省合肥市金寨路96号，230026

　　　http://press.ustc.edu.cn

　　　https://zgkxjsdxcbs.tmall.com

印刷　鹤山雅图仕印刷有限公司

发行　中国科学技术大学出版社

经销　全国新华书店

开本　889 mm×1194 mm　1/16

印张　14

字数　210千

版次　2020年4月第1版

印次　2020年4月第1次印刷

定价　168.00元

序　1

　　我非常清楚地记得与扬·库夫勒尔的第一次见面是在德加勒王子酒店，当时他在此处任职，是一名甜点主厨。那次会晤对我来说，味觉上的回忆远比实体来得更鲜活。印象最深的，是在午饭后品尝的一个现做冰激凌蛋糕（Vacherin[①]），上面覆盖着一层味道极佳的蛋白糖。这份精细的创造，香气和质地兼顾，又有着不可思议的纯粹与现代感，只能用绝妙来形容。

　　我想，在这份甜点里，已经不难窥见如今在他自己的店铺里所提供给客人的现做点心系列的雏形：按需即刻制作的甜点，呈现着极致的细微、娇嫩，又稍纵即逝，这便要求必须在现场品尝，不能等待。这份创意很独特，也非常聪明，而且对于一家甜点店铺来说，这是一种全新的体验。

　　得益于之前在餐饮界的从业经验，扬将一些所学运用到了甜点的领域。此外，比起纯粹的甜点店，他的店铺所展现出的，更像是巴黎的小咖啡馆。所有这些都清晰地勾勒出他的个性和风格。这位年轻人开辟出了自己独特的路径，而不是跟随他人。他的坚定且毫不犹豫，在作品里，你全然能感受到。如果说扬吸取了法国传统甜点的精华——纤细的美感、技巧与匠艺，那么他也在此基础上，得益于永不满足的好奇心，他以全新的方式创造出了新鲜、无添加、无妥协的产品，并将其发扬光大。

　　在他的店铺里，甜点的味道是干净的、纯粹的，美感也是必不可少的。我现在亦能回想起他制作的那份巧克力闪电泡芙，精彩至极。长方形的外壳，毫不平庸，堪称艺术品。他的想法清晰、明确。他希望美食者自踏进他的咖啡–甜点店铺起，就能感受到愉悦与幸福。就这么简单。

　　这是第一本以一天中每个时段为节奏的烘焙书，从早餐到晚餐，并伴随着早间、午间和晚间的小食刻，亦是扬乐于传递与分享所结出的果。在这本书里，你能看到他的慷慨，并交错着对于美食独特的见解。我非常喜爱他的甜点，带着极其个性化的，与现有作品有所区别的视野。最重要的是，真的非常美味，这也预示着他充满希望的未来。

皮埃尔·埃尔梅[②]

---

① 传统的法式甜点，常由填满了冰激凌或雪葩的蛋白霜与红浆果果酱或香缇奶油构成。——译者注
② 他被誉为法式甜点界的毕加索与教皇，地位极高。——译者注

序　2

　　端着刚出炉的舒芙蕾，因为走得太快，导致它瞬间坍塌，于是一切都完了。比起厨师们所做的，随意撒上些盐或者以橄榄油收尾一道菜，在甜点里，每一个配料都需要精准称量，每一份温度都需要细致调整。成为一名甜点师需要非常细心并掌握很多科学知识。

　　与此同时，为了做出一道真正吸引人的甜点，你需要拥有浪漫主义和美感，以及对于甜——这让人沉迷之物，所感受到的愉悦。就是这般处于科学与艺术之间的平衡，造就了扬，使他成为了独一无二的甜点师。他的创造让你不得不承认甜点可以同时出现"太美了不忍吃"和"无法抗拒去吃"的矛盾。甚至经他手所创的许多风味，也被很多人认为已经打上了他的烙印，成为其标志。

　　本书写满翔实又美味的配方，我希望通过它们能赋予未来的甜点师们灵感，并在某一天激发出同样的激情，就如扬和我们分享的这样。我和他都深知，你不仅会因为饥饿而进食，同样也会为了愉悦而拿起一块甜点。

多米尼克·安塞尔①

---

① 他是在美国发展的法国甜点师，被誉为纽约杰出的行业人物之一。——译者注

在我看来，狐狸当然是非常特别的一种动物，它天性自由，未被驯服，而且毛发是红棕色的。我也一样！在创办我的店铺时，我同时赢得了自由，从此以后，我主宰自己的所有决定，这种感觉真是太舒服了。此外，狐狸是贪吃的、狡猾的、淘气却又令人心生温柔的。

狐狸的美丽与优雅更不用说，它的形象被应用于许多经典文学作品，如《拉封丹寓言》《小王子》等等。而且，我的父母都是书商，书在我生活中有着特殊的地位。我在森林的边缘长大，在我还是小孩子的时候，几乎每晚都能遇见狐狸。今天，我选择用它来代表我，也使得我能藏在它的面具后，尽可能减少露面。

前 言

2017年必定与其他年份不同。当我敲下这些段落时，我们正在庆祝第二家店——"扬·库夫勒尔的甜点"在巴黎开业。一年前，我们的第一家店已顺利开张。它位于巴黎10区，共和国广场附近。而我们现在将店开到了玛黑区，同样带着将奢华之物扯下神坛的渴望。自我离开服务多时的顶尖级豪华酒店之日起，我便决定，要把高级的甜点做到人人可触及。

关于这本书的计划早已在我心头萦绕数月，这件事对我来说非常重要。当你有作为书商的父母时，书便有了特殊的意义。一页页地翻开，我会向你们吐露我是谁，为什么，怎样做，以及我的配方。18年的从业经验，让我非常清楚我的职业具有吸引力，使人好奇，想要提问。这便是我在这本书中渴望分享的来源，它面向所有的人，配方也契合不同程度的读者——不管你是在家刚起步的新手，还是你已经接受了甜点师的培训，而且处在就要开店的节点。你们很快会观察到，某些甜点非常易于操作，而某些则要求技巧和工具，但是所有的一切都确实源自我多年的经验。我并非年长之辈，分享这些并不会对我造成困扰，因为我知道我还能源源不断地产生更多的创意。相反地，如果我的甜点理念能成为读者灵感的来源，又或者因为这本书，能为甜点这一行业的发展稍作贡献，我会感到非常骄傲。

特别是对我来说，今日一切并非预先已埋下伏笔。作为甜点师，我的经历并不典型。我没有从五岁起就和妈妈一起烘烤蛋糕，我也从未真正地和她一起做过饭。我没有任何这方面的志向，所以，对甜点的热情来得挺晚的，甚至是偶然的。

这一切开始于初中三年级，在那段时间，我并不是很听话。诚实地说，我做过最坏的蠢事，成绩也不可救药。上课时，我常常觉得百无聊赖。我父亲似乎和一家甜点店的师傅关系很好，他的店就开在我们家书店的对面，店主是米歇尔先生。当我需要找一个地方实习一个礼拜时，我父亲说服了他将我收下。在那里，我生平第一次因为自己所做的而受到了称赞。我被自己的所见所闻震慑住了，第一次，我进入了食材的世界，触碰它们，把它们转化为甜点，这太迷人了！这段经历完全改变了我的人生。

在学年尾声，差生是无法升学继续学业的。学校正发愁不知如何安排我，于是因为我在甜点店实习过，便被塞去了旅馆餐饮业职业教育学校的厨师班。这其实真的是一个轻率的决定：如果我父亲的邻居是个技师，那我就会被扔去学机械了。我的运气很好，这点我

非常清楚。但这也是种思维方式，我相信命运，我积极地按照直觉行事。这才是唯一能进步的方式。

所以，我进入了位于特科玛的厨艺学校，我很幸运地被分给了让-伊夫·费拉居先生，一位正直、从不退缩、直面各种问题的老师。在烹饪时，他专注的状态令我印象深刻。在班级里，我们都是因为成绩不够好被发配进来的，没有任何人有厨艺的基础，都已经输在了起跑线上。但是多亏这位老师，最后几乎所有人都取得了文凭。因为并没有准备好立刻投身进入人才市场，所以我决定再考一个法国注册甜点师资格证（CAP）。那时，我想做的，其实依旧是成为一名厨师。

从学校毕业时，我19岁。在向凡尔赛的特里亚农大酒店投了简历后，我被作为厨师录取了。但是当热拉尔·维耶先生发现我有甜点师资格证后，便把我分配了甜点部门。这改变了我的命运！刚进去时，我是最底层打杂的小学徒，4年后当我离开时，已成为甜点部门的二厨。我当时虽然深怀探索其他世界的渴望，但是最后我依然决定将我的人生奉献给甜点。

我开始向巴黎所有的高级酒店以及所有我倾慕的主厨所在的店铺投简历，克里斯托夫·米夏拉克、吉勒·马沙尔、卡米耶·勒塞克还有其他人，他们都接见过我，但无一人录取我。当然，现在我已经和他们相识，并且在友谊的基础上与他们交流得十分愉悦。只是他们都已经不记得曾和我在之前见过面！最终是阿兰·迪图尔尼耶先生给了我机会，我进入了他的餐厅——卡瑞德菲餐厅。

他非常慷慨，我也很尊重他。他的厨艺极其艺术，专注于本质的味道，同时折射出他是谁，来自哪里，这常令我感动。在他身边，我领悟到不忘自己的来源和风土是怎样的幸事；我第一次对这份职业产生了感悟。装好盘看着它们进入大厅，这带给我极大的愉悦。当然，我依旧是在学习的阶段，我的工作任务是重复做出这些菜，最后极具个性化的装盘依旧由主厨完成，我知晓自己尚无能力去做好。也就是在这儿的厨房，我结识了我的朋友们蒂博·索巴迪耶（历史餐厅）和保罗·博斯卡罗（蜗牛1903餐厅）。10年后，他们都成为了有名的主厨，我们依旧是好友，并且有着极密切的来往。

接下来的职场生涯依旧是有决定性意义的，我加入了巴黎的柏悦酒店，在让-弗朗索瓦·富歇先生旗下工作。这位甜点师个性突出，是位先锋主义者，习惯以全新的方式去诠释产品、香气，以及它们之间的连接。这是一种极具感官的理念。他确信：他并非只是简单地制作甜点，而是要让客人们得到浸入式的体验。我非常渴望去解析他是如何做到这点的。这个要求极高，但我必须做到。我亦是工作狂，有我日夜工作的父母为榜样，他们向我传递了工作的价值及勇气。让-弗朗索瓦先生冷酷、公正，又友好。两年期间，我一直是他的副厨，直到有天他对我说，我已经有资格升为主厨。就是没有征兆的，他知会我，在安的列斯群岛，圣巴泰勒米岛所在的伊甸岩酒店，刚巧有一个位子空出来。因此多亏了他的帮助，我获得了作为主厨的第一张名片。

只是在这段时间，我的创作并不出色。我有技术，但是没有风格，也缺少某些内在，但我自己并没有意识到这一点，我太膨胀了。在我返回巴黎的一年后，我被兰卡斯特之桌餐厅聘为甜点主厨，在这里，我得到了给自己一记耳光的教训。我一直都记得，那是一个周四，米歇尔·特鲁瓦格罗先生告诉我"下周二，我想要品尝你新开发的甜点"，我回答"是，主厨"。当然了，我想要尽力展现自己。周二到了，我骄傲得像只孔雀，带着自

己的作品而来，但是我立刻读出了他眼中的失望，他是会用眼睛去表达很多东西的人。他拿走了我甜点里所有无用的部分及装饰，盘里已经空无一物……而他，是非常注重客人的感受的，他希望客人被简洁之美所击中。于是我明白，我过火了，我被解雇了。我开始了长时间的自我怀疑、抑郁。在长达6个月的时间里，我打游戏、睡觉，像行尸走肉一般，浑浑噩噩。我已经尽了全力，但这个挫折实在是太难越过了。

夏天，我决定离开，前往圣巴特岛。我窝在机场对面一间只有3平方米大的小破馆子里，我看到我的副厨成为了伊甸岩酒店的主厨……你能想象得到，这一切对我来说是多么地痛苦。但就是在这段时间里，我明白了是哪里出了错。慢慢地，我积攒着重整旗鼓的勇气。于是有一天，命运的搭扣"咔哒"一声解开了，因为一份柠檬塔，一次新的遇见。

那天，主厨阿克拉梅·贝纳拉尔前来圣巴特岛旅游，在我工作的柜台尝到了我做的柠檬塔，觉得味道惊人。于是他找到了我，我们一起喝了咖啡，甚至晚上也继续碰头来交流。

他说服了我：我不能留在这里太长时间。

当我返回巴黎后，我成为了勃艮第餐厅的甜点主厨。这回我知道了，我该往哪个方向发力。我召回了之前在特里亚农大酒店的旧学徒纪尧姆·布斯凯来辅助我。对于他，我全身心地信任。在一年的时间内，我们齐心协力将勃艮第餐厅的甜点水准提升到了更好的等级。

我们的维也纳甜酥面包，就是你们今日在我们的店铺里可以尝到的这些，就来源于这个时期。

之后是主厨斯蒂芬妮·勒凯莱克向我建议加入她所在的德加勒王子酒店。她的风格非常吸引我，盘中可融味觉、情感、一致性、和谐于一体。她鼓励我向这个方面发展。我们亦在极其理想化的条件下工作，有资金支撑，完美的设备，巨大的工作间，给力的梦之团队。纪尧姆跟着我过来，随后还有尼古拉·帕切洛，他在我离职后接替了我的职位。我们的创造力蓬勃而出，甜点极快地得到了称誉，特别是我们有名的千层酥。

我在德加勒王子酒店大约工作了两年，时间过得很快，但是我也很快地感受到我需要离开了，去开设属于自己的甜点店。我不认为在大酒店里，超过一定年龄后，主厨依旧能继续充满创造性地进行职业生涯。我看到每年都有年轻人前仆后继地进来，带着熊熊野心。在人们不需要我之前，我必须先为自己做打算。我也对自己说，越年轻越无惧失败。另外，我天性喜好自由，特别是，我强烈渴望为大众带去高级甜点，而不是只狭隘地专供给米其林星级餐厅的客人。

我下定决心是在2015年初，我在德加勒王子酒店团队里的两名旧成员马蒂厄·洛布里和夏洛特·科莱，一个无敌的双人组合，也立志加入我的这段冒险。事实上，他们顶着巨大的风险为我离开了高级酒店里的舒适区。我创业的过程里每一步都有他们的参与。今天，他们管理着生产、计划和日常运营——这是企业里最麻烦的工作。我必须承认，如果没有他们两人，这个故事完全会被改写！他们是我创业的基石，对于他们赋予的一切，我永远也无法偿还，我满怀感激。

所以我们在2015年7月，离开了德加勒王子酒店。我们于9月先开了工作室，两个月之后，觅得了店铺。那间工作室，想象一下，是座位于文森森林中心的光线明亮的乡间客栈，有很多的窗户和巨大的楼梯，就像一个真实的和平港湾。我们在静谧中工作，安静到令人吃惊。我试着在这里度过尽可能多的时光。我们感觉彼此像是一家人。我们也常常一

起进餐，尽可能在室外。这里就是我们的温室、象牙塔、庇护所。至于我们的第一间店铺，我们费尽心思地找到了，就位于协和广场地铁站的对面，这个拐角太棒了，又有充足的阳光。

我很熟悉这个平民化又热闹的街区，离圣马丁运河只有两步远，我之前曾在这里生活过几年。今天，我们的店铺运营得非常好，与客人们之间建立起了真正的联系，这亦是在我的冒险之旅中吸引我的一部分。在这个地方，我希望我的店铺是简单的、热情的，特别是不能太装腔作势。在一年多的时间里，我们揸供了就像在高级酒店一样，精致、用全部身心制作的甜点。只是另一方面，说真的，我的甜点也在演化。我的野心、莽撞已有所收敛。在高级酒店，我们服务的是一群充满享乐主义的客人，什么都敢尝试。但是今日，店铺里每日有数以百计的人流，我们转向了大众。他们想要的是令人舒适、安心的甜点，要求反而变得更高，这也是我们在日常里需要时刻注意的。

我们的第二间店铺，开在玛黑区，晚上比白天热闹，是这个街区的特点。我们把重心放在了现做甜点上，并且发展了一套特殊的后厨体系。具体是：有两扇窗户面向街道，一扇窗可以下甜点订单，另一扇窗能取打包好的成品，有点儿像汽车餐厅。这是很棒的理念，之前从未有人做过。

对于我来说，拥有自己的店铺，是我职业生涯的一个终点，但这绝不轻松，我其实应该要留出更多的时间给自己和家人。我的每一天都是超负荷的，但是这很刺激，我非常骄傲我们目前所完成的一切，只是我知道还有很长的路在等着我们，因为在我头脑里还有无数的计划！

Yann

目　　录

8点　苏醒的时刻

10点　简易小甜点

11点　正式蛋糕的出现

12点　即食甜点

12点半　咸点的补充

16点半　下午茶时刻：旅行蛋糕

18点　分享的甜点

8点
苏醒的时刻

　　一份开心果–巧克力千层酥，或者布里欧修，配上家庭自制果汁和美味的巴西咖啡、日报、一个微笑！甜点师们已经摩拳擦掌地在柜台后，准备制作中午的点心。当日的甜点制作清单，就如播放列表，已在头脑里成形。和着音乐，都是我的最爱。我喜欢早餐时刻，这让我想起曾在酒店工作的那些年。我的副主厨夏洛特·科莱在维也纳面包上颇有天赋，她做到了让我们的产品完美吻合市场：我们的面包已经成为所在街区居民日常生活的一部分。我们帮助大家正确地迈出新一天的第一步！

千层酥卷和维也纳甜酥面包

10枚千层酥卷（夹心可自选）

可颂面团

80 mL 全脂牛奶

10 g 新鲜酵母

110 mL 水

52 g 奶粉（26%乳脂含量①）

8 g 盐之花

60 g 细砂糖

30 g 黄油②

410 g 面粉

280 g 黄油

榛子奶油酱

50 g 黄油

30 g 细砂糖

50 g 榛子粉

50 g 榛子膏

1/2枚打散的鸡蛋

10 mL 榛子利口酒③

榛子卷的内馅

50 g 榛子

开心果巧克力奶油酱

50 g 黄油

30 g 细砂糖

50 g 开心果粉

50 g 开心果膏

1/2枚打散的鸡蛋

10 mL 朗姆酒

开心果巧克力卷的内馅

50 g 开心果

50 g 巧克力碎粒

椰子奶油酱

65 g 黄油

40 g 细砂糖

65 g 椰蓉

1/2枚打散的鸡蛋

10 mL 马利宝椰子酒

椰子卷的内馅

50 g 椰蓉

50 g 牛奶巧克力

杏仁奶油酱

50 g 黄油

30 g 细砂糖

50 g 杏仁膏

50 g 杏仁粉

1/2枚打散的鸡蛋

10 mL 褐朗姆酒

玫瑰果仁糖卷的内馅

50 g 杏仁

50 g 玫瑰果仁糖

---

① 此乳脂含量能得到光滑且无颗粒的液体，无论是冷水泡还是热水泡，都非常适合甜点和维也纳面包（弗朗、布里欧修、牛奶面包等等）。——译者注

② 如没有特殊标注，本书中的黄油皆是无盐黄油。——译者注

③ 意大利著名榛子产区皮埃蒙特大区所产的带有榛子香草风味的利口酒，酒精含量为20%。——译者注

面皮层的准备

提前一天，加热牛奶至30 ℃，拌入酵母，搅匀化开。再将其与水混合，全部倒入配上搅钩的厨师机缸内。加入奶粉、盐之花、细砂糖、软化的30 g黄油和预先筛好的面粉。搅打14分钟，直到成为质地均匀的面团。然后取出，放置在两张巧克力玻璃纸或者烘焙油纸之间，摆在不锈钢烤盘上。让面团在室温下醒发1小时，再转入冰箱冷藏静置至少4小时。

接着为面团排气，即用手掌掌心激烈地拍打面团，使里面的空气排出。整成团后，继续转回冰箱冷藏12小时。

奶油酱的制作

制作当日，在装桨的厨师机缸中放入黄油和细砂糖，搅打至膏状，加入鸡蛋。接下来，按照不同口味的内馅，分别放入对应的膏和粉类——榛子、开心果、椰蓉、杏仁。最后倒入酒。

千层酥卷的制作

将面团擀成40 cm长、15 cm宽的长方形。再将280 g冷的黄油放入两张烘焙油纸之间，擀成26 cm长、15 cm宽的长方形。去除油纸后，将黄油片放置在面团上，最上面的边缘留7 cm，然后将面团从上至下包裹住黄油，进行第一轮三折①。

放入冰箱冷藏1小时，接着进行第二轮三折。

放入冰箱冷藏1小时，进行第三轮，即最后一轮三折。

放入冰箱冷藏1小时，再进行整形。

将其擀成2.5 mm厚的酥皮，再切割成大约60 cm长、40 cm宽的长方形。

将榛子奶油酱、开心果奶油酱、椰子奶油酱或者杏仁奶油酱铺在上面，然后撒上相对应的内馅，将其卷起，放入冰箱冷冻1小时。

千层酥卷的烘烤

为了制成酥卷，将上一步骤得到的长卷切割成3.5 cm厚的圆片，放入直径为8 cm的钢圈中，在室温（不超过28 ℃）下醒发2小时。

预热烤箱到180 ℃。

将卷放入带有烘焙油纸的烤盘上，入烤箱烘烤15分钟。出炉后，放在烤架上，撒上装饰的干果碎粒（榛子、开心果与巧克力，椰蓉与巧克力和玫瑰果仁糖）。

维也纳甜酥面包的烘烤与装饰

为了制成维也纳甜酥面包，将长卷切成3 cm厚度的圆片，不同味道的圆片交错着放入55 cm长、11 cm宽的长方形模具内，在室温（不超过28 ℃）下醒发2小时。

预热烤箱到180 ℃，烘烤25分钟。出炉后，趁着温热脱模，放置在烤架上，装饰干果碎粒（榛子、开心果与巧克力，椰蓉与巧克力和玫瑰果仁糖）。

———————————

① 又称为三叠法，即将面团擀长后，一侧提起，放在三分之二处贴合，再将另一侧也提起，覆盖其上。——译者注

黑麦布列塔尼黄油酥饼

10枚黄油酥饼

黄油酥饼面团

330 g T45①面粉

110 g 黑麦面粉

13 g 盐之花

220 mL 水

16 g 软化黄油

8 g 新鲜酵母

233 g 细砂糖

334 g 马斯科瓦多粗红糖

66 g 黄油

酥皮面团的制作

厨师机装上搅钩，放入预先筛好的两种面粉、盐之花、新鲜酵母、软化的黄油和水，以慢速搅打6分钟。取出面团，放在烤盘上，整成正方形。放入冰箱冷冻30分钟，接着冷藏松弛1小时。

均质②细砂糖和马斯科瓦多粗红糖，使两者风味融合。

取出面团，擀成长方形，在2/3高度处，放入事先已经在两张烘焙油纸之间碾开的冷的黄油片（66 g），面团从四周将其包裹，接着进行两轮三折。请记住每一轮折叠间，需放入冰箱冷藏松弛1小时。随后继续进行两轮三折，这次操作时，撒上混合好的糖类（留下少许备用）。

黄油酥的制作和烘烤

在工作台上，将面团擀开至1 cm厚。撒上剩余的混合糖类，切割成10枚边长为12 cm的正方形。

将每一枚正方形整成圆形。烤盘涂抹黄油并撒上细砂糖，放上直径为8 cm的圆形钢圈，将面团放入钢圈中，在室温（不超过28 ℃）下醒发2小时。

预热烤箱到180 ℃。

当黄油酥醒发后，放入烤箱烘烤20分钟。出炉后，降至温热再脱模，放置在烤架上。

---

① 在国内，烘焙用面粉是以筋性，即蛋白质含量来划分的，而法国的面粉的种类，是以其灰分率，即矿物质含量决定的。T45常用于烘烤需要很蓬松的甜点，比如维也纳甜酥系列、各种奶酱等。T55可制作常规甜点、塔、酥皮类产品等。T65常用于制作法国传统面包，如长棍、乡村面包等。T80、T110、T150，几乎为全麦粉，常用于制作特殊种类的或者全麦面包等。因为划分标准以及研磨制作工艺相异，所以无法直接将中法两国的面粉进行匹配。建议大家可以按照甜点的种类进行选择。如需要制作普通蛋糕类或者蓬松质地的酥皮、泡芙、奶酱、塔类等，可以将T45与T55替换成国内的低筋面粉；T65可使用高筋面粉代替；T80以上可尝试全麦粉。——译者注

② 烘焙中使用的均质机，是一种功率极高的手持料理棒，利用高转速刀头，将食材粉碎均匀。亦常用于乳化、淋面等的制作。为表述简洁，本书中的均质，均表示用均质机进行以上操作。家庭烘焙爱好者，可用普通料理棒或者料理机替代。——译者注

这是经过改良或者说巴黎化的黄油酥饼，更符合我们店铺客人的口味。

我们的布列塔尼黄油酥饼并不如传统的厚重，糖油更少，且融入了黑麦的元素，更轻盈，充满空气，很是酥脆。我之前制作时会碾成卷，现在改为将其对折。配方经过了我和副主厨夏洛特的反复试验打磨，成品酥脆度比以往更甚。这份黄油酥对技术的要求极高——必须知晓酵母以及温度的作用，此间的反应十分复杂。酵母为了不激发活性需要低温，而低温会使面团出水，偏偏糖又不喜潮湿……黄油不能太硬，但是也不能是室温。必须完全理解材料使用时的逻辑，虽然全都是自相矛盾的。

请集中注意力，锻炼自己的技艺，不要灰心。记住：第一次就成功，并非易事。

羊角和巧克力面包

10枚羊角或者巧克力面包

羊角面团

80 mL 全脂牛奶

10 g 新鲜酵母

110 mL 水

52 g 乳脂含量达26%的奶粉

8 g 盐之花

60 g 细砂糖

30 g 软化黄油

410 g 面粉

280 g 黄油

20根巧克力棒

上色

1枚蛋黄

面皮层的准备

提前一天，加热牛奶至30 ℃，拌入酵母，搅匀化开。再将其与水混合，全部倒入配上搅钩的厨师机缸内。加入奶粉、盐之花、细砂糖、软化的黄油和预先筛好的面粉。搅打14分钟，直到成为质地均匀的面团。然后取出，放置在两张巧克力玻璃纸或者烘焙油纸之间，摆在不锈钢烤盘上。让面团在室温下醒发1小时，再转入冰箱冷藏至少4小时。

接着为面团排气，即用手掌掌心激烈地拍打面团，使里面的空气排出。整成团后，继续冷藏12小时。

羊角面团的制作

制作当日，将面团擀成40 cm长、15 cm宽的长方形。再将冷的280 g黄油放入两张烘焙油纸之间，擀成26 cm长、15 cm宽的长方形。去除油纸后，将黄油片放置在面团上，最上面的边缘留7 cm，然后将面团从上至下包裹住黄油，进行第一轮三折。

放入冰箱冷藏1小时，接着进行第二轮三折。

放入冰箱冷藏1小时，进行第三轮，即最后一轮三折。

放入冰箱冷藏1小时，再进行整形。

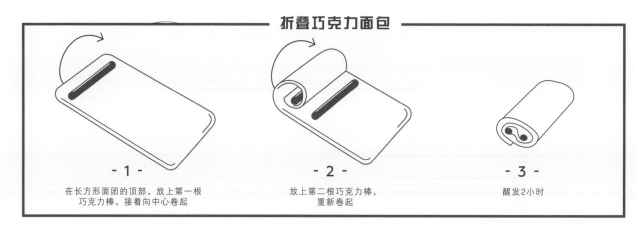

折叠巧克力面包

- 1 -
在长方形面团的顶部，放上第一根巧克力棒，接着向中心卷起

- 2 -
放上第二根巧克力棒，重新卷起

- 3 -
醒发2小时

羊角和巧克力面包的制作

将面团擀开至2.5 mm厚。

如果制作羊角面包，则将面团切割成6 cm×20 cm的三角形①，然后卷起来。

如果制作巧克力面包，则将面团切割成17 cm长、8 cm宽的长方形。在长方形面团的顶部，放上第一根巧克力棒，接着向中心折叠，再放置第二根巧克力棒，继续卷完合拢（参见上页的插图）。

羊角和巧克力面包的烘烤

让其在室温（不超过28 ℃）下醒发2小时。

提前预热烤箱到180 ℃。

将蛋黄打散，用刷子轻轻刷在成品上。入烤箱烘烤13分钟，出炉后，在烤架上放凉。

---

① 三角形底边长为6 cm，另两条边长为20 cm。——译者注

布里欧修

1枚布里欧修

布里欧修面团

275 mL 全脂牛奶

55 g 新鲜酵母

260 g T55面粉

1100 g T45面粉

250 g 细砂糖

48 g 海盐

330 g 新鲜淡奶油

4枚打散的大号鸡蛋

340 g 黄油

33 mL 橙花水

33 mL 朗姆酒

完成

1枚鸡蛋

100 g 珍珠糖

布里欧修面团的制作

提前一天，在装钩的厨师机缸中，放入两种面粉、细砂糖、海盐、新鲜淡奶油和已经在牛奶里化开的酵母，搅拌，让其在室温（最高不超过28 ℃）下醒发30分钟。

慢速搅打，接着逐步加入鸡蛋，提速继续搅打至成团，不粘缸壁。随后加入切成丁的冷黄油，中速搅打10分钟。倒入朗姆酒和橙花水增加香气，继续搅打，直至面团质地均匀且富有弹性。

将其放入一个微铺面粉的盆①中，盖上一块湿布，在室温下醒发1小时。用掌心用力按压面团进行排气，整成球状，用保鲜膜贴着面团包裹，放入冰箱冷藏24小时。

布里欧修的制作和烘烤

制作当日，掌心按压面团排气。将面团切割成每份800 g的剂子，再整成球状，做成3根长80 cm的长条（参照下图步骤1）。编成辫子（参照下图步骤2和3），然后，放入铺有烘焙油纸的烤盘内，让其在28 ℃醒发2小时。

预热烤箱到170 ℃。

用刷子蘸取打散的鸡蛋液，给辫子布里欧修上色。撒上珍珠糖，入烤箱烘烤30分钟。

编织

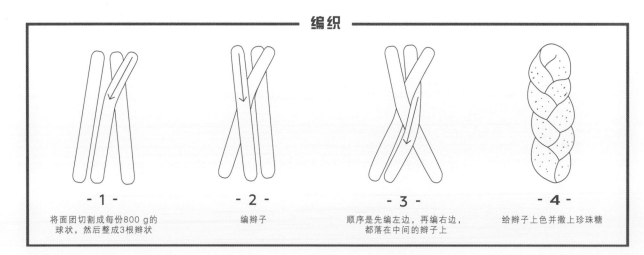

- 1 -	- 2 -	- 3 -	- 4 -
将面团切割成每份800 g的球状，然后整成3根辫状	编辫子	顺序是先编左边，再编右边，都落在中间的辫子上	给辫子上色并撒上珍珠糖

---

① 本书中使用的盆均为不锈钢盆。——译者注

苹果大黄酥

10枚苹果大黄酥

荞麦反转千层酥

160 g 黄油

70 g 面粉

面皮层

60 mL 水

1滴醋

8 g 盐之花

50 g 黄油

120 g 面粉

40 g 荞麦面粉

苹果－大黄果糊

500 g 苹果

250 g 大黄

75 g 细砂糖

2 g 肉桂粉

上色

1枚蛋黄

油酥和面皮层的制作

提前一天，混合反转千层酥里的黄油和面粉，在两张烘焙油纸之间擀成2 cm厚的长方形，放入冰箱冷藏至使用时取出，此为油酥。

同样提前一天制作面皮层。在装钩的厨师机缸中，按顺序依次混合所有的原料，接着搅打至成团，整成正方形，放入冰箱冷藏24小时。

荞麦反转千层酥的制作

制作当日，将长方形的油酥擀成比面皮层略大的正方形，使其能将后者包裹进去。像信封状一样合拢四角，接着进行一轮三折。总共重复这个操作5次，在每轮操作之间，放入冰箱冷藏松弛30分钟。

苹果－大黄果糊的制作

苹果削皮，大黄茎去皮，将它们切成小块，和细砂糖、肉桂粉一起放入锅中，煮20分钟左右，冷却后放入冰箱冷藏备用。

苹果酥的制作和烘烤

将千层酥擀开至3 mm厚，切割成直径为18 cm的圆片。再擀成椭圆状，在中间部位放上果糊，接着合拢，四周粘连好。翻转过来后，刷上打散的蛋黄液，盖上保鲜膜，放入冰箱冷藏30分钟。

预热烤箱到180 ℃。

刷上蛋黄液进行第二轮上色，用刀尖在表面划出规律的、浅浅的切口，入烤箱烘烤18分钟。

橙花水咕咕霍夫

10枚咕咕霍夫

咕咕霍夫面团

350 g T45面粉

40 g 细砂糖

7 g 海盐

10 g 新鲜酵母

4枚大号鸡蛋

270 g 黄油

140 g 葡萄干

85 g 糖渍橙皮

25 mL 水

25 mL 朗姆酒

糖浆蘸液

75 mL 水

180 g 细砂糖

80 mL 橙花水

完成

50 g 黄油

100 g 杏仁片

300 g 细砂糖

酒渍葡萄干

提前一天，将葡萄干和水放入盆中，稍稍回温，然后加入朗姆酒，浸泡1小时，使葡萄干吸收酒液并膨胀。

咕咕霍夫面团的制作

提前一天，在装钩的厨师机缸中，放入面粉、细砂糖、海盐和酵母，慢速搅打，接着逐步加入鸡蛋，提速继续搅打至成团，不粘缸壁。随后加入切成丁的冷黄油，中速搅打，直至面团质地均匀且富有弹性。最后将切成小块的糖渍橙皮和朗姆酒渍葡萄干撒进去。

将面团放入一个微铺面粉的盆中，盖上一块湿布，在室温下醒发1小时。用掌心用力按压面团进行排气，整成球状，用保鲜膜贴着面团包裹，放入冰箱冷藏24小时。

咕咕霍夫的烘烤

制作当日，将咕咕霍夫面团切割成10枚剂子，每枚重80 g。将它们放入咕咕霍夫的模具里，模具预先已经涂抹黄油，并撒上杏仁片。让其在室温（最高不超过28 ℃）下醒发2小时。

预热烤箱到180 ℃。

咕咕霍夫醒发起来后，入烤箱烘烤15分钟。出炉后，让其冷却，随后在烤架上脱模。

糖浆蘸液的制作和完成

煮沸水和糖，再加入橙花水。过筛后，加热至微沸（60 ℃），用长柄汤勺大量地、数次地浇灌在咕咕霍夫上，后者应被完全均匀地浸湿。

将细砂糖（完成部分）倒入盘中，取还是温热的咕咕霍夫轻轻滚上一圈，使其被糖裹住。

白乳酪格兰诺拉

8杯格兰诺拉

苹果果糊

500 g 苹果

2 g 肉桂粉

50 g 细砂糖

荞麦格兰诺拉

85 g 混合谷物片

20 g 黍米片

20 g 葵花籽

30 g 荞麦籽

40 g 荞麦片

100 mL 米糖浆

1 g 肉桂粉

50 g 黄金葡萄干

白奶酪

500 g 脱脂白乳酪

苹果果糊的制作

将苹果削皮去籽，切成小块。然后倒入锅中，加入细砂糖和肉桂粉，小火煮20分钟左右。冷却后，放入冰箱冷藏备用。

格兰诺拉的制作

烤箱提前预热到145 ℃。

将荞麦格兰诺拉中所有的原料在盆中混匀，均匀铺开在烘焙油纸上，入烤箱烘烤30分钟。

组装

杯底铺上苹果果糊，接着放上白乳酪，最后撒上格兰诺拉酥脆粒。

橙花水糖块小泡芙

100枚糖块小泡芙

泡芙面糊

250 mL 水

250 mL 牛奶

125 g 黄油

125 mL 葡萄籽油

10 g 海盐

300 g 面粉

9枚鸡蛋

50 mL 橙花水

挤泡芙时的备料

黄油（用于烤盘）

细砂糖（用于烤盘）

装饰

100 g 珍珠糖

泡芙面糊的制作

将牛奶、水、黄油、葡萄籽油和海盐倒入锅中加热，沸腾后立刻离火，一次性加入所有面粉。回炉，中火边加热边不停翻拌，去除面糊里的水分，大约持续1分钟。

将制作好的面糊倒入装桨的厨师机缸中，慢速搅打10分钟，直到彻底冷却。将蛋液的一半逐步加入并混匀，剩下的一半分三次加入。最后加入橙花水，搅打至面糊质地变得光滑。

糖块小泡芙的烘烤

预热烤箱到180 ℃。

准备好一个预先涂抹上黄油和细砂糖的烤盘，将泡芙面糊装入裱花袋中，在烤盘上挤成直径为3 cm的小球，最后均匀撒上珍珠糖。入烤箱烘烤15分钟。

接骨木花博斯托克甜面包

8枚博斯托克

布里欧修面团

570 g T45面粉

60 g 细砂糖

12 g 海盐

15 g 新鲜酵母

9枚鸡蛋

450 g 黄油

杏仁奶油酱

53 g 黄油

53 g 糖粉

53 g 杏仁粉

5 g 吉士粉

1/2枚鸡蛋

10 mL 朗姆酒

接骨木糖浆

1 L 水

400 g 细砂糖

20 g 接骨木叶

装饰

30 g 杏仁片

接骨木糖浆的制作

提前一天，将水和细砂糖混合加热至沸腾，然后加入接骨木叶，全部放入冰箱冷藏24小时，萃取出接骨木的香气。

布里欧修面团的制作

提前一天，在装钩的厨师机缸中，放入面粉、细砂糖、海盐和酵母。慢速搅打，接着逐步加入鸡蛋，提速继续搅打至成团，不粘缸壁。随后加入切成丁的冷黄油，中速搅打，直至面团质地均匀且富有弹性。

将其放入一个微铺面粉的盆中，盖上一块湿布，在室温下醒发1小时。用掌心用力按压面团进行排气，整成球状，用保鲜膜贴着面团包裹，放入冰箱冷藏24小时。

杏仁奶油酱的制作

制作当日，在装桨的厨师机缸中放入黄油和预先筛好的糖粉，搅打至膏状，依次加入杏仁粉、吉士粉、鸡蛋和朗姆酒。盖上保鲜膜，在室温下储存。

布里欧修的烘烤

预热烤箱到170 ℃。

准备好布里欧修的模具，预先在里面铺上烘焙油纸以便于脱模。将面团放入模具中，入烤箱烘烤30分钟，出炉冷却后，切割成直径10 cm、高度4 cm的圆饼。

组装和装饰

预热烤箱到170 ℃。

将接骨木糖浆过筛，用刷子将其反复涂在布里欧修表面，使之湿润。铺上杏仁奶油酱，撒上杏仁片，最后回炉烘烤12分钟。

糖渍草莓司康

8枚司康

司康主体

480 g T55面粉

30 g 泡打粉

110 g 细砂糖

70 g 软化黄油

1.5枚鸡蛋

200 mL 牛奶

1根马达加斯加香草荚

3.5 g 海盐

内馅

100 g 草莓干

司康主体的制作

将预先筛好的面粉、泡打粉、海盐和细砂糖放入装上桨的厨师机缸中，混合。接着加入软化的黄油和对半剖开并用小刀刮取出的香草籽。

将蛋和牛奶在盆中搅匀，倒入厨师机缸中，搅打，直至得到质地均匀且光滑的面团，随后撒上草莓干。

司康的烘烤

预热烤箱到180 ℃。

将面团擀开至3 cm厚，借助直径为5.5 cm的圆形切模，刻成相应的圆饼。

备好铺有硅胶垫的烤盘以及直径为6 cm的钢圈，模具内部预先涂抹油脂，并贴上烘焙油纸，以便于脱模。再将前一个步骤制成的司康圆饼放入其中，入烤箱烘烤11分钟。

10点
简易小甜点

　　上午过半，到了我们的杯装小点大放异彩之时！牛奶焦糖盐之花漂浮岛，带着浓郁香草风味的英式蛋奶酱，双重巧克力慕斯，牛奶米香蕉派：这些就是可以满足一天内任何时段，突如其来的任性的甜点。你们是不是跃跃欲试，想要在家复制它们呢？尽管放心，它们不要求很多的经验与技巧，所以新手也可以尝试。同时，也请记住，那个拼命放糖来延缓食品保质期的时代已经结束，口味亦在改革，就像我们的其他甜点，甜得刚刚好。其实这样更好，因为少糖更能突出产品的风味，当然，前提只是，都是用的好材料。

蒙布朗

8枚蒙布朗

香草香缇奶油

200 mL 淡奶油

20 g 糖粉

1/4根马达加斯加香草荚

栗子巴菲

3枚蛋黄

1枚鸡蛋

200 mL 水

20 g 细砂糖

50 g 栗子膏

50 g 栗子奶油

500 mL 冷的淡奶油

1枚蛋白

20 g 细砂糖

6 g 吉利丁片

法式–瑞士蛋白霜

3枚蛋白

100 g 细砂糖

100 g 糖粉

栗子内馅

50 g 栗子膏

50 g 栗子奶油

装饰

50 g 糖渍栗子碎块

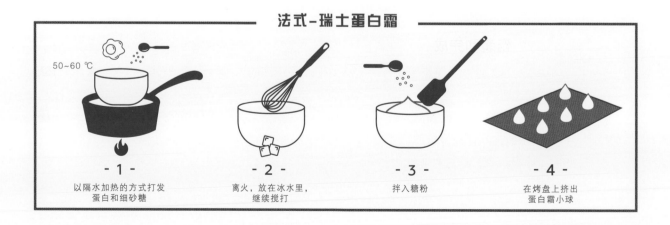

法式–瑞士蛋白霜

- 1 -
以隔水加热的方式打发
蛋白和细砂糖

- 2 -
离火，放在冰水里，
继续搅打

- 3 -
拌入糖粉

- 4 -
在烤盘上挤出
蛋白霜小球

香草奶油的萃取

提前一天，将香草荚对半剖开，用刀尖刮取出里面的黑色籽粒，放入淡奶油和糖粉的混合液体中，搅匀。盖上保鲜膜，放入冰箱冷藏24小时，萃取香草的香气。

栗子巴菲的制作

制作当日，在一个大盆里，用蛋抽搅匀鸡蛋和蛋黄，搅打至颜色变浅。水和20 g细砂糖用锅加热煮成糖浆，当达到121℃时，离火，将锅放入盛满冰块的盆中，迅速隔断糖浆的升温。接着将糖浆倒入蛋液中，用电动打蛋器高速搅打，直到体积膨胀至2倍，颜色变浅。再用刮刀轻柔地将栗子奶油和栗子膏混拌进去。栗子沙巴雍制作完毕。

用电动打蛋器打发冷的淡奶油，备用。

将吉利丁片在冷水中泡软。用电动打蛋器将蛋白打发，接着加入20 g细砂糖帮助稳定；蛋白霜不能打太干。

同一时间，将泡软且拧干了水分的吉利丁片放入还有余温的糖水锅中，使其融化。将吉利丁液与打发的蛋白加入栗子沙巴雍里，最后将打发的淡奶油倒进混拌，盖上保鲜膜，放入冰箱冷藏。

法式–瑞士蛋白霜的制作（见左侧的示意图）

将水在锅中加热至微沸（不超过60 ℃），作隔水加热之用。

将蛋白和细砂糖放入一个盆里，再连盆放入热水中，不停搅打，直到细砂糖全部溶解（1）。取出盆，置于冰水里（2），继续搅打至蛋白细滑、光亮，并能在蛋抽上保持竖立状态；盆倒转蛋白亦不会掉落。再用刮刀将糖粉混拌入内（3）。

提前预热烤箱到50 ℃。

蛋白霜用迷你三角裱花袋挤成球状，排列在铺好了烘焙油纸的烤盘上（4）。入烤箱，烘烤3小时，出炉冷却后，掰成块状。

香草香缇奶油的制作

将萃取后的香草奶油过筛，然后打发至香缇奶油状。

组装和完成

将夹馅里的栗子奶油和栗子膏混拌均匀，先取出一部分，用单排锯齿裱花嘴铺陈在巧克力玻璃纸上，放入冰箱冷冻约15分钟使之变硬。

在每一个杯子的底部，铺一层栗子内馅，再依次放上蛋白霜块，一层栗子巴菲，一层香缇奶油。用一枚直径为7 cm的圆形切模，将冷冻里取出的锯齿栗子泥切割成圆片，放入杯中，最后撒上糖渍栗子碎块。

香草弗朗

8人份香草弗朗

塔底

450 g T55面粉

330 g 黄油

30 mL 全脂牛奶

1枚蛋黄

10 g 细砂糖

8 g 盐之花

弗朗主体

400 mL 全脂牛奶

400 mL 水

4枚鸡蛋

65 g 玉米淀粉

2根马达加斯加香草荚

225 g 细砂糖

香草牛奶的萃取

提前一天，将香草荚对半剖开，用刀尖刮取出里面的黑色籽粒。将其和荚体一起，浸泡在牛奶里冷藏过夜，萃取出香气。

塔底的制作

制作当日，在配上搅钩的厨师机缸中放入面粉、切成块状的黄油、细砂糖和盐之花，轻柔地进行搅打，接着逐步加入牛奶和蛋黄，直至面团成形。然后整成球状，用保鲜膜包好，放入冰箱冷藏1小时。

将面团擀开至3 mm厚。取一枚直径为20 cm、高度为5 cm的圆环模具，涂上薄薄一层黄油，放置在一个同样涂抹了黄油的烤盘上。然后将面团填入模具，再放进冰箱冷冻，使用时取出。

弗朗主体的制作

盆中放入鸡蛋和细砂糖，搅打至颜色变浅，再加入预先筛好的玉米淀粉，继续搅匀。

在锅中，将水和萃取后的香草牛奶（预先取出香草荚）煮至沸腾，然后离火，加入鸡蛋混合物，重新放到火上，不停搅拌，直至质地变浓稠，时长为3分钟左右。

弗朗的烘烤

提前预热烤箱到170 ℃。

将弗朗主体倒入冷的塔底，入烤箱，烘烤1小时，直至表面上色。

这是我最爱的甜点！我常常会偷偷地藏起一块，放在店铺的冰箱里。不管是什么时候，早上或者下午，我随时都有想吃的冲动……当然，必须承认，马达加斯加香草荚是我心爱的原料，我经常会在甜点中使用。

牛奶米香蕉派

10人份牛奶米香蕉派

牛奶米

330 mL 淡奶油

660 mL 全脂牛奶

2根马达加斯加香草荚

160 g 细砂糖

250 g 圆滚状的米粒

250 mL 淡奶油

青柠火焰香蕉

10根香蕉

100 g 半盐黄油

100 g 细砂糖

5枚青柠的汁

50 mL 朗姆酒

5枚青柠的皮

装饰

20 g 巧克力碎粒

香草牛奶的萃取

提前一天，将香草荚对半剖开，用刀尖刮取出里面的黑色籽粒。将其和荚体一起，浸泡在牛奶里冷藏过夜，萃取出香气。

火焰香蕉的制作

制作当日，剥开香蕉，切成两半。

将细砂糖放入锅中加热至焦糖金棕色，倒入黄油和青柠汁，使之降温，然后放入香蕉，让焦糖均匀地裹在香蕉表面。

倒入朗姆酒，并点火燃烧。之后取出香蕉放入盘中，包上保鲜膜，放入冰箱冷藏储存。

香蕉冷却后，用叉子叉碎，但仍保留块状。将青柠皮擦碎，撒在香蕉上，转回冰箱冷藏储存。

牛奶米的制作

将米粒在沸腾的热水中煮10分钟，然后沥干水分。

在锅中煮沸330 mL淡奶油、萃取后的香草牛奶（拿掉香草荚）和细砂糖，加入沥干水分的米粒，微火煮30分钟，直至液体变黏稠。离火，盖上保鲜膜，放入冰箱冷藏备用。

在盆里，用电动打蛋器打发250 mL淡奶油。接着改用刮刀轻柔地将其混拌进牛奶米中。

组装和完成

将火焰香蕉填至杯中1/3处，后覆盖上一层牛奶米，接着用一枚细网筛撒上巧克力碎粒。

巧克力慕斯

8杯巧克力慕斯

巧克力慕斯

450 mL 淡奶油

240 g 牛奶巧克力（46%）

380 g 黑巧克力（64%）

2枚蛋黄

10枚蛋白

150 g 细砂糖

装饰

100 g 黑巧克力（64%）

20 g 薄脆

巧克力慕斯的制作

在盆内，用电动打蛋器打发蛋白，并加入细砂糖，让质地稳定。

将牛奶巧克力和黑巧克力切碎，放入另一个盆中。用锅加热淡奶油至微沸，随后倒入盛有巧克力的盆内，搅拌。接着加入蛋黄，混拌均匀。再轻柔地将打发的蛋白混拌入内。

将巧克力慕斯装入杯中，保鲜膜贴面①覆盖，放入冰箱冷藏1小时。

装饰的制作

备好用于厨房里测温的食品温度计。将巧克力装入盆中，放在热水里，进行隔水加热。当温度上升到55 ℃时，离火，继续搅拌，直至温度下降到28 ℃，接着重新隔水升温至32 ℃（请参考下面的温度曲线）。最后将调好温的黑巧克力在玻璃纸上抹平，撒上薄脆，用2分钟定型。

完成

将巧克力薄脆块掰开，撒在慕斯杯里。

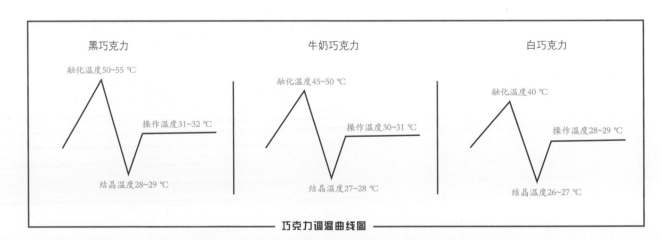

巧克力调温曲线图

---

① 指用保鲜膜直接接触食材，常用于覆盖酱料、淋面等。可防止因空气进入而产生细菌；预防表面结皮，或者阻止热的液体产生水蒸气后，被没有贴面（盖在盆顶）的保鲜膜挡住而落在盆内。——译者注

漂浮岛

8座漂浮岛

英式蛋奶酱

350 mL 淡奶油

350 mL 全脂牛奶

11枚蛋黄

75 g 细砂糖

1根马达加斯加香草荚

轻质焦糖

200 g 细砂糖

200 mL 淡奶油

4 g 盐之花

煮蛋白

7枚蛋白

75 g 细砂糖

1 L 牛奶（用于煮蛋白）

装饰

40 g 榛子片

香草牛奶的萃取

提前一天，将香草荚对半剖开，用刀尖刮取出里面的黑色籽粒。将其和荚体一起，浸泡在牛奶里冷藏过夜，萃取出香气。

英式蛋奶酱的制作

制作当日，在盆里放入蛋黄和细砂糖，搅打至颜色变浅。

在锅中，煮热淡奶油和萃取后的香草牛奶（拿掉香草荚）。将制作好的蛋黄糊倒入其中，煮至85 ℃（用厨房温度计测量，不要煮沸）。维持这个温度1分30秒左右，始终不停地搅拌，直到质地黏稠，用勺了蘸取，能在勺子背面挂住。离火，保鲜膜贴面覆盖，放入冰箱冷藏储存。

轻质焦糖

在锅中，加热淡奶油，但注意不要沸腾。在另一个锅中，加热细砂糖，当颜色变成焦糖棕色时，将淡奶油倒入隔断升温。撒入盐之花并搅匀。倒入碗中，贴上保鲜膜，放入冰箱冷藏储存。

榛子的烘烤

预热烤箱到170 ℃。

将榛子片铺开放置在烤盘上，入烤箱烘烤8分钟，直到表面上色成金黄。

煮蛋白的制作

打发细砂糖和蛋白，直至质地成泡沫状。在一个大锅中，加热牛奶至微沸。用一把小号的圆形长柄汤勺或者一枚切模取出半圆或者圆片状的蛋白，再用一把刮刀将其拨入牛奶内。每一面煮30秒左右，最后用漏勺取出。

组装和完成

在容器底部装入轻质焦糖，铺上一层英式蛋奶酱，接着放置煮蛋白。在蛋白漂浮岛上，用轻质焦糖画出线条，最后撒上烘烤后的榛子片。

无花果和紫苏意式奶冻

8杯奶冻

意式奶冻

1300 mL 淡奶油

130 g 细砂糖

2 g 吉利丁片

1根马达加斯加香草荚

无花果果酱

500 g 新鲜无花果

50 g 栗树蜂蜜

10 g 紫苏叶

装饰

6枚新鲜无花果

1盒绿紫苏嫩苗

香草奶油的萃取

提前一天，将香草荚对半剖开，用刀尖刮取出里面的黑色籽粒。将其和荚体一起，浸泡在淡奶油里冷藏过夜，萃取出香气。

意式奶冻的制作

制作当日，将吉利丁片在冷水中泡软。

在锅中，加热1/3萃取后的香草奶油（拿掉香草荚）和细砂糖。放进泡软且拧干了水分的吉利丁片，回炉继续加热至吉利丁片融化。

倒入剩余的奶油，混匀，装入奶冻杯中。放入冰箱冷藏至少4小时。

无花果果酱的制作

无花果洗净，切成6瓣。锅中加热蜂蜜，然后放入无花果，煮至101 ℃。关火，让温度降至40 ℃，放入剪碎的紫苏叶，再转移到一个盆中，盖上保鲜膜，放入冰箱冷藏至少1小时。

组装和完成

在奶冻表面，倒入一层无花果果酱，再将无花果切成4瓣，取3瓣放在每杯的上面，最后装饰些紫苏嫩苗。

提拉米苏

8杯提拉米芥

手指饼干

2枚蛋黄

2枚蛋白

50 g 细砂糖

40 g 糖粉

40 g T55面粉

咖啡酒液

65 g 咖啡豆

250 mL 水

13 g 杏仁力娇酒

马斯卡彭奶油

4枚鸡蛋

165 g 细砂糖

400 g 马斯卡彭

400 mL 淡奶油

装饰

20 g 可可粉

咖啡液

提前一天，将咖啡豆磨成粉。水加热后，放入研磨好的咖啡粉，静置过夜。

手指饼干的制作

制作当日，预热烤箱到170 ℃。

用电动打蛋器打发蛋白和25 g细砂糖，直至成蛋白霜状。将蛋黄和剩余的细砂糖，倒入厨师机缸内，搅打10分钟，直至混合物颜色变浅。

用刮刀轻柔地将打发的蛋白逐步混入蛋黄糊内，接着加入面粉，动作要保持轻柔。最后将得到的面糊装入裱花袋内，配置直径为1.8 cm的圆形裱花嘴。准备好烤盘，微涂黄油，并放置一张烘焙油纸，将面糊挤成直径为6.5 cm的蚊香状圆盘。撒上糖粉，入烤箱，烘烤12分钟。注意观察，饼干表面不能上色。

马斯卡彭奶油的制作

用电动打蛋器打发淡奶油。将鸡蛋和细砂糖放入厨师机缸内，搅打10分钟。接着轻柔地加入马斯卡彭和打发的淡奶油。盖上保鲜膜，放入冰箱冷藏至使用时取出。

组装和完成

将咖啡液过滤到一个深盘里，再加入杏仁力娇酒，混匀。浸入手指饼干蘸取咖啡酒液。

在杯底，铺上一层马斯卡彭奶油，随后放置一块蘸取了咖啡酒液的手指饼干，再铺一层马斯卡彭奶油，接着放第二块手指饼干。以马斯卡彭奶油层收尾，盖上保鲜膜，放入冰箱冷藏1小时。享用之前撒上可可粉。

11点
正式蛋糕的出现

在午餐前，大家基本不会购买或品尝正式的甜点。所以我们的此类产品不会在11点前摆放在橱窗里，此举是为了最大程度地保证甜点的新鲜口感。摆进橱窗前，先要进行组装，这也是一天当中最令人愉悦的时刻。就像我在做厨师时，最后装盘所感受到的激情那样。对于一个甜点师来说，组装蛋糕这一步真是太棒了，它是工作的回报，带来的快感是这行当中排名第一的！我们橱窗布置的关键词是协调。特别是，没有华而不实的产品，没有色素。我们使用的原材料就是自然赠与的最初样子。吸引眼球进而欺骗思维，这是作弊！我们的店铺也呼应着"自然"这一主题——原色橡木、植物以及全套大大小小的铜质锅。所有一切都是和谐一致的，这对我来说至关重要。

帕里尼-榛子奇幻蛋白霜

8人份蛋白霜　　**榛子牛奶巧克力淋面**

　　　　　　　　　20 mL 水

蛋白霜　　　　55 g 细砂糖

2枚蛋白　　　　55 g 葡萄糖浆

50 g 细砂糖　　30 g 炼乳

50 g 糖粉　　　3 g 吉利丁片

20 g 可可脂　　55 g 牛奶巧克力

20 g 黑巧克力　20 g 榛子膏

榛子膏　　　**奇幻蛋白霜的装饰**

100 g 榛子　　10 g 薄脆

1/2咖啡勺盐之花　10 g 牛奶巧克力

　　　　　　　10 g 黑巧克力

牛奶巧克力打发甘纳许　1 g 盐之花

80 mL 淡奶油　10 g 切碎的榛子

5 g 葡萄糖浆

125 g 牛奶巧克力　**巧克力外壳**

200 mL 淡奶油　50 g 黑巧克力

蛋白霜的制作

预热烤箱到70 ℃。

用电动打蛋器打发蛋白，期间逐步加入细砂糖，帮助稳定质地。蛋白霜打好后，用刮刀将糖粉混拌入内。备好铺有烘焙油纸的烤盘，将蛋白霜装入带有直径为1.2 cm花嘴的裱花袋里，挤出16块直径为3 cm的圆片。

入烤箱烘干，全程4小时。

将融化的可可脂和黑巧克力用刷子涂在刚出炉的蛋白霜上，用于防潮、隔绝湿气。然后放在架子上备用。

榛子膏的制作

预热烤箱到170 ℃。

将榛子铺在烤盘上，入烤箱烘烤上色约6分钟。让其冷却，然后和盐之花一起均质，直至得到光滑的膏状物。在每枚直径为3 cm的硅胶模具中倒入10 g榛子膏，放入冰箱冷冻至使用时取出。

牛奶巧克力甘纳许的制作

将80 mL淡奶油和葡萄糖浆煮沸，然后倒入盛有切碎的牛奶巧克力的盆中，均质，接着倒入冷的淡奶油，盖上保鲜膜，放入冰箱冷藏至使用时取出。

榛子牛奶巧克力淋面的制作

将吉利丁片在冷水中泡软。

锅中加入水、细砂糖和葡萄糖浆，煮至102 ℃。接着加入炼乳和泡软且拧干了水分的吉利丁片，搅匀，然后分3次倒进盛有切碎的牛奶巧克力以及榛子膏的盆中，均质全部，盖上保鲜膜，放入冰箱冷藏储存。

装饰的制作

切碎牛奶巧克力与黑巧克力，和其他所有原材料一起拌匀。

巧克力外壳的制作

将巧克力切碎放入盆中，以隔水加热的方式将其融化，直至达到55 ℃。离火后继续搅拌至温度下降到28 ℃，接着回炉，重新升温至32 ℃（请参考第34页的巧克力调温曲线图）。将融化的巧克力倒入直径与高度皆为4.5 cm的8枚软形硅胶模具中。翻转模具，将流淌而下的多余的巧克力液体刮去：巧克力外壳应该是极薄的。

组装和完成

用蛋抽打发牛奶巧克力甘纳许。

在每一枚巧克力外壳的底部，放20 g打发的甘纳许，再摆上一块蛋白霜圆片，接着覆盖10 g打发的甘纳许。然后依次加入一枚榛子膏夹心和10 g打发的甘纳许，最后以一块蛋白霜圆片收尾，转入冰箱冷冻储存3小时。

将奇幻蛋白霜脱模，加热淋面至40 ℃，均匀淋在蛋糕上并抹去多余的部分。灵活自然地摆上装饰物，转入冰箱冷藏4小时，回温后方能食用。

在开店前的两个礼拜，我意识到我们缺少了一份巧克力甜点，于是和我们的主厨马蒂厄提起这件事情。不出我所料，在短短几分钟内，我们就完美地设计出了这款极具标志性的甜点。在两片轻盈的，充满了空气的蛋白霜片中，藏着流心的盐之花榛子帕里尼夹层以及牛奶巧克力香缇奶油。我们当然有严肃地研究这款传奇甜点，奇幻蛋白霜毫无疑问极具吸引力，但是未免过甜了，已经不再符合今日的潮流。在我们的配方里，榛子和盐之花重新平衡了甜度，香缇奶油较之传统的黄油奶油，更能赋予轻柔的口感。

巧克力和顿加豆闪电泡芙

8枚闪电泡芙

泡芙面糊

100 mL 全脂牛奶

100 mL 水

40 g 黄油

40 mL 葡萄籽油

2 g 海盐

100 g 面粉

3枚鸡蛋

巧克力外壳和带状长条

70 g 黑巧克力

巧克力和顿加豆奶油霜

100 mL 全脂牛奶

100 mL 淡奶油

1/2颗顿加豆

5 g 可可碎粒

25 g 细砂糖

1枚大号蛋黄

20 g 可可膏

90 g 黑巧克力

黑巧克力甘纳许

60 mL 淡奶油

6 g 葡萄糖浆

6 g 转化糖

65 g 黑巧克力

120 mL 冷的淡奶油

黑淋面

20 mL 水

40 g 细砂糖

40 g 葡萄糖浆

20 mL 炼乳

6 g 吉利丁片

45 g 黑巧克力

装饰

5 g 可可碎粒

泡芙面糊的制作

将牛奶、水、黄油、葡萄籽油和海盐倒入锅中加热，沸腾后立刻离火，一次性加入所有面粉。回炉，中火炒干面糊中的水分，大约持续1分钟。

将制作好的面糊倒入装桨的厨师机缸中，慢速搅打10分钟，直至彻底冷却。一个接一个地加入鸡蛋，搅打至面糊质地变得光滑。

用一把薄尺将面糊铺平在高约1.2 cm的方形模具内，盖上保鲜膜，转入冰箱冷冻储存1小时，使其质地变硬。

将泡芙面糊切割成8条2.8 cm×12.8 cm的长方形，备用。

巧克力外壳和带状长条的制作

将巧克力切碎放入盆中，以隔水加热的方式将其融化，直到达到55 ℃。离火后继续搅拌至温度下降到28 ℃，接着回炉，重新升温至32 ℃（请参考第34页的巧克力调温曲线图）。将融化的巧克力倒入8枚12.5 cm长、2.5 cm宽的硅胶模具中。翻转模具，将流淌而下的多余的巧克力液体刮去：巧克力外壳应该是极薄的。

将剩余的巧克力用抹刀铺平在巧克力玻璃纸上，切割出8条12.5 cm长、2.5 cm宽的长条。这些巧克力外壳和带状长条可在常温下储存。

巧克力和顿加豆奶油霜的制作

煮沸牛奶和淡奶油，泡入预先打碎的顿加豆和可可碎粒，静置萃取香气1小时。

盆中放入蛋黄和细砂糖，打发至颜色变浅。

将萃取后的顿加豆和可可碎粒过筛，液体倒入蛋黄糖糊内，煮至85 ℃。

混合黑巧克力和可可膏，接着分三次将英式蛋奶酱（前一步骤所得）倒入其中，搅拌均匀。均质全部，保鲜膜贴面覆盖，常温储存至使用时取出，使用前用蛋抽打散，使其恢复光滑质地。

黑巧克力甘纳许的制作

将60 mL淡奶油、葡萄糖浆和转化糖煮沸，然后倒入盛有切碎的黑巧克力的盆中，均质，接着倒入冷的淡奶油，盖上保鲜膜，放入冰箱冷藏至使用时取出。

黑色淋面的制作

将吉利丁片在冷水中泡软。

锅中加热水、细砂糖和葡萄糖浆至102 ℃，放入炼乳和泡软且拧干了水分的吉利丁片，混拌均匀。然后分三次倒入盛有切碎的黑巧克力的盆里，均质全部，盖上保鲜膜，放入冰箱冷藏备用。

装饰的准备

将可可碎粒均质并过筛，粉末储存备用。

闪电泡芙的制作（请看下面的插图）

预热烤箱到190 ℃。

备好防粘的烤盘，摆上3 cm高预先涂抹了黄油的方形模具。从冷冻中取出8份长条泡芙面糊，放进模具。再将一块硅胶垫和两块烤盘压在最上面。风炉烘烤30分钟。

出炉即刻脱模，用切片器将闪电泡芙一分为二，割成1.2 cm的厚度（本页插图步骤1和2），放置在烤架上。

组装和完成

用蛋抽打发巧克力甘纳许，装至巧克力外壳的3/4处，中间挖出1.8 cm×12 cm大小的凹槽，转入冰箱冷冻定型1小时。

接着用顿加豆巧克力奶油霜填满外壳，抹平，使凹槽不露出来。在每一枚巧克力外壳上放置一片带状巧克力（本页插图步骤3），转回冷冻放置1小时。

组装和完成

泡芙内填满顿加豆和巧克力奶油霜，抹干净。

淋面逐步加温至40 ℃，均质，去除气泡，淋在填好了馅并已脱模的巧克力外壳上。

将淋面完毕的巧克力外壳放置在填好馅的泡芙上（本页插图步骤4），小心地在表面和周边撒上适量的可可碎粒。

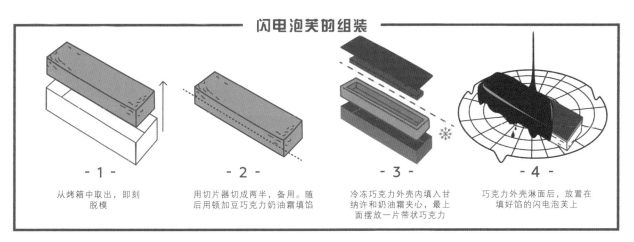

闪电泡芙的组装

- 1 -
从烤箱中取出，即刻脱模

- 2 -
用切片器切成两半，备用。随后用顿加豆巧克力奶油霜填馅

- 3 -
冷冻巧克力外壳内填入甘纳许和奶油霜夹心，最上面摆放一片带状巧克力

- 4 -
巧克力外壳淋面后，放置在填好馅的闪电泡芙上

摩卡八角闪电泡芙

8枚闪电泡芙

咖啡八角奶油霜

40 mL 淡奶油

50 g 咖啡豆

5枚八角

3枚蛋黄

50 g 细砂糖

6 g 吉利丁片

咖啡打发甘纳许

250 mL 淡奶油

30 g 咖啡豆

8 g 吉利丁片

50 g 白巧克力

泡芙面糊

100 mL 全脂牛奶

100 mL 水

40 g 黄油

40 mL 葡萄籽油

2 g 海盐

100 g 面粉

3枚鸡蛋

巧克力外壳和带状长条

70 g 牛奶巧克力

咖啡淋面

270 g 细砂糖

190 g 葡萄糖浆

400 mL 淡奶油

5 g 速溶咖啡

40 g 黄油

130 g 牛奶巧克力

10 g 吉利丁片

装饰

5 g 可可碎粒

用于奶油霜的咖啡八角液

提前一天，磨碎咖啡豆，均质八角，将这两样放入淡奶油中搅拌，放入冰箱冷藏静置过夜，萃取香气。

用于咖啡甘纳许的咖啡液

提前一天，均质咖啡豆，加入淡奶油内搅拌，放入冰箱冷藏静置过夜，萃取咖啡香气。

泡芙面糊的制作

将牛奶、水、黄油、葡萄籽油和海盐倒入锅中加热，沸腾后立刻离火，一次性加入所有的面粉。回炉，中火炒干面糊中的水分，大约持续1分钟。

将制作好的面糊倒入装桨的厨师机缸中，慢速搅打10分钟，直至彻底冷却。一个接一个地加入鸡蛋，搅打至面糊质地变得光滑。

用一把薄尺将面糊铺平在高约1.2 cm的方形模具内，盖上保鲜膜，转入冰箱冷冻放置1小时，使其质地变硬。

将泡芙面糊切割成8条2.8 cm×12.8 cm的长方形，备用。

巧克力外壳和带状长条的制作

将巧克力切碎放入盆中，以隔水加热的方式将其融化，直至达到45 ℃。离火后继续搅拌至温度下降到27 ℃，接着回炉，重新升温至30 ℃（请参考第34页的巧克力调温曲线图）。将融化的巧克力倒入8枚12.5 cm长、2.5 cm宽的硅胶模具中。翻转模具，将流淌而下的多余的巧克力液体刮去：巧克力外壳应该是极薄的。

将剩余的巧克力用抹刀铺平在巧克力玻璃纸上，切割出8条12.5 cm长、2.5 cm宽的长条。这些巧克力外壳和带状长条可在常温下储存。

这枚摩角闪电泡芙，是摩卡和八角的缩写。故事起源于五六年前我在塞尔维亚的一段旅行。我品尝了当地人给我的一杯滴有八角液的咖啡，太美味了！从此这个奇妙的组合就储存在我的大脑某处，期待着某日能以此创造出绝妙的甜点，这便是摩角泡芙诞生的故事。这款甜点深受我们最富冒险精神的客人们所喜爱。我用了一款产自印度的咖啡，没有中间环节，从树上到成品，新鲜无比。我和咖啡烘焙商伊波利特·库尔蒂以及创始人一起，尝试了无数的咖啡，终于找到了能完美升华八角风味的这款。

咖啡八角奶油霜的制作

将萃取后的咖啡八角液过筛，将吉利丁片在冷水中泡软。

用蛋抽打发蛋黄和细砂糖直至颜色变浅。淡奶油煮至微沸后，倒入制作好的蛋黄糖糊里，煮至80 ℃，加入泡软且拧干了水分的吉利丁片，均质，盖上保鲜膜，放入冰箱冷藏1小时。

使用之前用蛋抽打散，使其恢复光滑质地。

咖啡打发甘纳许的制作

将萃取后的咖啡液过筛，称出1/3的量加热至沸腾，放入泡软且拧干了水分的吉利丁片，分三次倒入白巧克力内，再加入剩余的咖啡液，均质，贴上保鲜膜，放入冰箱冷藏备用。

咖啡淋面的制作

将吉利丁片在冷水中泡软。

锅中无水干烧细砂糖，直至得到焦糖。在另外一个锅中，加热葡萄糖浆至沸腾，分5次将焦糖倒入其中。再加入预先已经和速溶咖啡一起煮至沸腾的淡奶油，搅匀后一道倒进已经装好黄油和切碎的巧克力的盆中。再全部倒回锅中，加热至102 ℃。

过筛，加入泡软且拧干了水分的吉利丁片，煮至70 ℃，均质，贴上保鲜膜，放入冰箱冷藏备用。

装饰的准备

将可可碎粒均质并过筛，粉末储存备用。

闪电泡芙的制作

预热烤箱到190 ℃。

备好防粘的烤盘，摆上3 cm高预先涂抹了黄油的方形模具。从冷冻中取出8份长条泡芙面糊，放进模具。再将一块硅胶垫和两块烤盘压在最上面。风炉烘烤30分钟。

出炉即刻脱模，用切片器将闪电泡芙一分为二，割成1.2 cm的厚度，放置在烤架上。

组装和完成

用蛋抽打发咖啡甘纳许，填至牛奶巧克力外壳的3/4处，挖出1.8 cm × 12 cm大小的凹槽，转入冰箱冷冻定型1小时。

接着用咖啡八角奶油霜填满外壳，抹平，使凹槽不露出来。在每一枚外壳上放置一片带状牛奶巧克力，转回冷冻放置1小时。

脱模冷冻的巧克力外壳。

咖啡淋面逐步加温至40 ℃，均质，去除气泡，淋在巧克力外壳上。

闪电泡芙内填充咖啡八角奶油霜，抹平，每个泡芙上面放置一枚淋完面的巧克力外壳，最后在表面和四周撒上可可碎粒。

栗子醋栗闪电泡芙

8枚闪电泡芙

栗子打发甘纳许

50 mL 淡奶油

60 g 栗子膏

60 g 栗子奶油

15 g 牛奶巧克力

2 g 吉利丁片

100 mL 淡奶油

泡芙面糊

100 mL 全脂牛奶

100 mL 水

40 g 黄油

40 mL 葡萄籽油

2 g 海盐

100 g 面粉

3枚鸡蛋

巧克力外壳和带状长条

70 g 牛奶巧克力

栗子夹馅

100 g 栗子膏

100 g 栗子奶油

醋栗夹心

200 g 醋栗果蓉

5 g 琼脂

栗子淋面

20 mL 水

40 g 细砂糖

40 g 葡萄糖浆

20 mL 炼乳

6 g 吉利丁片

20 g 牛奶巧克力

20 g 白巧克力

10 g 栗子膏

10 g 栗子奶油

法式－瑞士蛋白霜

1枚蛋白

30 g 细砂糖

30 g 糖粉

装饰

巧克力小珠

栗子甘纳许的制作

提前一天，将50 mL淡奶油煮沸，加入提前泡软的吉利丁片，搅至融化。倒入预先盛有切碎的牛奶巧克力、栗子膏和栗子奶油的盆里，搅拌。接着倒入100 mL淡奶油，混匀，贴上保鲜膜，放入冰箱冷藏24小时。

泡芙面糊的制作

将牛奶、水、黄油、葡萄籽油和海盐倒入锅中加热，沸腾后立刻离火，一次性加入所有面粉。回炉，中火炒干面糊中的水分，大约持续1分钟。

将制作好的面糊倒入装桨的厨师机缸中，慢速搅打10分钟，直至彻底冷却。一个接一个地加入鸡蛋，搅打至面糊质地变得光滑。

用一把薄尺将面糊铺平在高约1.2 cm的方形模具内，盖上保鲜膜，转入冰箱冷冻放置1小时，使其质地变硬。

将泡芙面糊切割成8条2.8 cm×12.8 cm的长方形，备用。

巧克力外壳和带状长条的制作

将巧克力切碎放入盆中，以隔水加热的方式将其融化，直至达到45 ℃。离火后继续搅拌至温度下降到27 ℃，接着回炉，重新升温至30 ℃（请参考第34页的巧克力调温曲线图）。将融化的巧克力倒入8枚12.5 cm长、2.5 cm宽的硅胶模具中。翻转模具，将流淌而下的多余的巧克力液体刮去：巧克力外壳应该是极薄的。

将剩余的巧克力用抹刀铺平在巧克力玻璃纸上，切割出8条12.5 cm长、2.5 cm宽的长条。这些巧克力外壳和带状长条可在常温下储存。

栗子夹馅的制作

在装桨的厨师机缸中，放入栗子膏和栗子奶油，搅打均匀。

醋栗夹心的制作

加热醋栗果蓉至40 ℃，撒入琼脂，煮至沸腾，彻底冷却后均质。

栗子淋面的制作

将吉利丁片在冷水中泡软。用小锅加热水、细砂糖和葡萄糖浆至102 ℃，放入泡软且拧干了水分的吉利丁片以及炼乳，然后倒在切碎的两种巧克力、栗子膏和栗子奶油的混合物上面，均质，贴上保鲜膜，转入冰箱冷藏储存，使用前取出。

法式-瑞士蛋白霜的制作

加热一锅水到60 ℃，作隔水加热之用。将蛋白和细砂糖放入一个盆里，再连盆放入热水中，不停搅打，充盈进空气，直到细砂糖全部溶解（取部分尝试，齿间没有糖分的摩擦感即可）。将盆从隔水加热的锅中取出，用蛋抽继续打发至降温。最后用刮刀分次加入预先筛好的糖粉混拌。（请参考第28页的插图）

提前预热烤箱到80 ℃。

蛋白霜用裱花袋（带4 mm的花嘴）挤成小球，排列在铺好了烘焙油纸的烤盘上。入烤箱，烘烤1小时，出炉后冷却。

闪电泡芙的制作

预热烤箱到190 ℃。

备好防粘的烤盘，摆上3 cm高预先涂抹了黄油的方形模具。从冰箱冷冻中取出8份长条泡芙面糊，放进模具。再将一块硅胶垫和两块烤盘压在最上面。风炉烘烤30分钟。

出炉即刻脱模，用切片器将闪电泡芙一分为二，割成1.2 cm的厚度，放置在烤架上。

组装和完成

用蛋抽打发栗子甘纳许，填至牛奶巧克力外壳的3/4处，挖出1.8 cm×12 cm大小的凹槽，转入冰箱冷冻定型1小时。

挤入一半高度的醋栗夹心，再用栗子甘纳许填满巧克力外壳，抹半，在每一枚外壳上放置一片带状牛奶巧克力，转回冷冻放置1小时。

脱模冷冻的巧克力外壳。

栗子淋面逐步加温至40 ℃，均质，去除气泡，淋在巧克力外壳上。

混合均匀栗子奶油和栗子膏，填满泡芙内部，抹干净。然后在泡芙上方放置一枚淋完面的巧克力外壳。表面用栗子夹馅画出细细的线条，最后摆5枚小小的蛋白糖，并撒上巧克力小珠。

黄香李和榛子芭芭

8枚芭芭

芭芭面团

100 g 面粉

1 g 海盐

30 g 黄油

4 g 新鲜酵母

4 g 蜂蜜

2枚大号鸡蛋

糖浆蘸液

600 mL 水

120 g 细砂糖

1枚青柠的汁

60 mL 榛子利口酒

香草香缇奶油

300 mL 淡奶油

30 g 糖粉

30 g 马斯卡彭

1根马达加斯加香草荚

黄香李果糊

500 g 黄香李

100 g 细砂糖

20 mL 青柠汁

榛子帕里尼

100 g 榛子

50 g 细砂糖

1 g 盐之花

淋面酱

40 mL 水

1 g NH果胶

12 g 细砂糖

6 g 葡萄糖浆

装饰和完成

榛子片

12枚黄香李

芭芭面团的制作

在装钩的厨师机缸中，放入预先筛好的面粉、海盐、酵母以及蜂蜜。搅打过程中再逐步地加入鸡蛋，直到面团不粘缸壁。接着加入黄油，继续搅打至面团不粘缸壁。将面团装入数枚直径为6 cm的硅胶模具内，盖上保鲜膜，在室温（26 ℃）下醒发1小时30分钟。

芭芭的烘烤

预热烤箱到180 ℃。

当芭芭面团醒发膨胀后，入烤箱180 ℃烘烤15分钟，然后转成160 ℃烘烤20分钟。取出芭芭，待其冷却后脱模，放置在烤架上。

糖浆蘸液的制作

将细砂糖和水加热至沸腾，接着加入青柠汁。将糖浆过筛，煮至微沸（60 ℃），用一把长柄大汤勺将糖浆大量地、数次地浇在芭芭上面：芭芭应该每一处都均匀地吸收有糖液。

将榛子利口酒倒在芭芭上。

香草香缇奶油的制作

盆中加入糖粉、淡奶油和马斯卡彭，混拌均匀。将香草荚对半剖开，刮取出香草籽加入其中。搅打成香缇奶油，放入冰箱冷藏备用。

黄香李果糊的制作

洗净黄香李，对半切开，去核。放入锅中，加入细砂糖和青柠汁。小火慢煮30分钟。

榛子帕里尼的制作

预热烤箱到170 ℃。将榛子摊开放在烤盘上，烘烤6分钟至上色。

锅中无水干烧细砂糖至琥珀焦糖色，倒入烘烤上色的榛子，不停搅拌。冷却后，加入盐之花，均质，直至得到膏状物。借助于裱花袋，将其填充进芭芭中。

淋面酱的制作

加热水、一半的细砂糖和葡萄糖浆。当温度达到45 ℃时，倒入果胶和剩余细砂糖的混合物。全部煮沸，时长1分钟。

组装和完成

先将黄香李果糊均匀布在8个纸杯里。芭芭内部填充榛子帕里尼，并浇上淋面酱，随后也装入杯中。顶部用香缇奶油装饰，并摆上榛子片和切瓣的黄香李。

花园草莓芭芭

8枚芭芭

香草香缇奶油

300 mL 淡奶油

渍草莓

30 g 糖粉

500 g 草莓

30 g 马斯卡彭

100 g 细砂糖

1根马达加斯加香草荚

20 mL 青柠汁

10 g 马鞭草叶子

草莓淋面酱

100 mL 草莓汁

草莓汁

5 g NH果胶

300 g 草莓

30 g 细砂糖

草莓酱

30 mL 柠檬汁

200 g 草莓果蓉

5 g 马鞭草叶子

5 g 琼脂

芭芭面团

装饰

100 g 面粉

草莓

1 g 海盐

野草莓

30 g 黄油

1盒马鞭草苗

4 g 新鲜酵母

4 g 蜂蜜

2枚大号鸡蛋

渍草莓

提前一天，简单地清洗草莓，去蒂，切成4瓣，放进盆中。再加入细砂糖、马鞭草和青柠汁。过筛，放入冰箱冷藏渍24小时。

芭芭面团的制作

在装钩的厨师机缸中，放入预先筛好的面粉、海盐、酵母以及蜂蜜。搅打过程中再逐步地加入鸡蛋，直到面团不粘缸壁。接着加入黄油，继续搅打至面团不粘缸壁。将面团装入数枚直径为6 cm的硅胶模具内，盖上保鲜膜，在室温（26 ℃）下醒发1小时30分钟。

芭芭的烘烤

预热烤箱到180 ℃。

当芭芭面团醒发膨胀后，入烤箱180 ℃烘烤15分钟，然后转成160 ℃烘烤20分钟。取出芭芭，待其冷却后脱模，放置在烤架上。

草莓汁的制作

洗净草莓，去蒂，对半切开。加入细砂糖、柠檬汁和马鞭草，在蒸汽炉中烹饪2小时，接着全部一起过筛。

将草莓汁称出100 mL备用（用于淋面酱），剩余的部分加热到60 ℃，用一把长柄大汤勺将糖浆大量地、数次地浇在芭芭上面：芭芭应该每一处都均匀地吸收有糖液。

香草香缇奶油的制作

盆中加入糖粉、淡奶油和马斯卡彭，混拌均匀。将香草荚对半剖开，刮取出香草籽加入其中。搅打成香缇奶油，放入冰箱冷藏备用。

草莓酱的制作

小锅中加热草莓果蓉至40 ℃，倒入琼脂，煮至沸腾。离火，让其凝固，待冷却后均质。

草莓淋面酱的制作

加热之前预留的草莓汁，煮至40 ℃，倒入果胶，全部煮沸，时长1分钟。

组装和完成

混合渍草莓和草莓酱，将其均匀放置在8个纸杯里，再摆上芭芭，浇上草莓淋面酱。香缇奶油在顶部挤成玫瑰状，最后装饰马鞭草苗、草莓以及野草莓，后者可按照尺寸对半切或者切成4瓣。

我的小贴士

在将液体灌入方形模具时，为了更干净的效果且没有多余的溢出，我们会在底部贴一张食用保鲜膜，于周边收拢。接着将模具放置在打开的烤箱前，利用逃逸出的热气，使保鲜膜严丝合缝地紧贴在模具上。

朗姆酒和牛奶米芭芭

8枚芭芭	淋面酱
	40 mL 水
芭芭面团	1 g NH果胶
100 g 面粉	12 g 细砂糖
1 g 海盐	6 g 葡萄糖浆
30 g 黄油	
4 g 新鲜酵母	**香草香缇奶油**
4 g 蜂蜜	300 mL 淡奶油
2枚大号鸡蛋	30 g 糖粉
	30 g 马斯卡彭
糖浆蘸液	1根马达加斯加香草荚
600 mL 水	
110 g 细砂糖	**朗姆酒果冻**
1枚青柠的皮屑	100 mL 水
1枚橙子的皮屑	50 g 细砂糖
	10 g 吉利丁片
牛奶米	30 mL 朗姆酒
300 mL 全脂牛奶	1根马达加斯加香草荚
150 mL 淡奶油	
60 g 细砂糖	**装饰**
1根马达加斯加香草荚	60 mL 朗姆酒
100 g 圆滚状的米	
100 mL 冷的淡奶油	

香草牛奶的萃取

提前一天，对半剖开用于牛奶米的香草荚，用刀尖刮取出香草籽。将香草籽和荚体一起浸泡在牛奶中，放入冰箱冷藏静置过夜，萃取香草的香气。

牛奶米的制作

将米粒在沸腾的热水中煮10分钟，然后沥干水分。

在锅中煮沸150 mL淡奶油、萃取后的香草牛奶（拿掉香草荚）和细砂糖，加入沥干水分的米粒，小火煮20分钟，直至液体变黏稠。离火，保鲜膜贴面覆盖，放入冰箱冷藏备用。

芭芭面团的制作

在装钩的厨师机缸中，放入预先筛好的面粉、海盐、酵母以及蜂蜜。搅打过程中再逐步地加入鸡蛋，直到面团不粘缸壁。接着加入黄油，继续搅打至面团不粘缸壁。将面团装入数枚直径为6 cm的硅胶模具内，盖上保鲜膜，在室温（26 ℃）下醒发1小时30分钟。

芭芭的烘烤

预热烤箱到180 ℃。

当芭芭面团醒发膨胀后，入烤箱180 ℃烘烤15分钟，然后转成160 ℃烘烤20分钟。取出芭芭，待其冷却后脱模，放置在烤架上。

糖浆蘸液的制作

将水和细砂糖加热至沸腾，接着加入柠檬皮和橙子皮。过筛，继续煮至微沸（60 ℃），用一把长柄大汤勺将糖浆大量地、数次地浇在芭芭上面：芭芭应该每一处都均匀地吸收有糖液。

香草香缇奶油的制作

盆中加入糖粉、淡奶油和马斯卡彭，混拌均匀。将香草荚对半剖开，刮取出香草籽加入其中。搅打成香缇奶油，放入冰箱冷藏备用。

朗姆酒果冻的制作

将吉利丁片在冷水中泡软。

煮沸水和细砂糖，离火，加入吉利丁片和朗姆酒。将糖浆再次加热至60 ℃，放入刮取出的香草籽，混合均匀。

准备一枚边长为14 cm、高为1 cm的正方形模具，用保鲜膜密实地包住底部。将朗姆酒果冻灌入，盖上保鲜膜，放入冰箱冷藏约4小时，定型后再切成边长为1 cm的小方块。

淋面酱的制作

加热水、一半的细砂糖和葡萄糖浆。当糖浆煮至45 ℃时，加入果胶和剩余细砂糖的混合物，全部煮沸，时长1分钟。

组装和完成

用电动打蛋器打发100 mL的淡奶油，用刮刀轻柔地拌入牛奶米。接着将牛奶米均匀地布在8个纸杯里。把淋有朗姆酒的芭芭放置在牛奶米上，并浇上一层淋面酱。最后挤上香缇奶油，并装饰朗姆酒果冻。

杏子香菜芝士蛋糕

8人份蛋糕	芝士慕斯
	160 g 细砂糖
重组沙布雷	50 mL 水
60 g 黄油	4枚大号鸡蛋黄
38 g 糖粉	30 g 糖粉
12 g 杏仁粉	480 g 奶油奶酪（即芝士）
1/4 咖啡勺盐之花	12 g 吉利丁片
1/2枚鸡蛋	600 mL 冷的淡奶油
100 g T55面粉	
10 g 黄油	**喷砂液**
	50 g 白巧克力
芝士蛋糕主体	50 g 可可脂
565 g 芝士	
165 g 细砂糖	**装饰**
25 g 面粉	4枚杏子
3枚鸡蛋	1盒香菜苗
1枚蛋黄	
40 mL 淡奶油	

杏子夹心

200 g 杏子果蓉

4 g 琼脂

200 g 新鲜杏子

4 g香菜叶

芝士蛋糕主体的制作

预热烤箱到90 ℃。

盆中搅匀芝士、细砂糖和预先筛好的面粉。将鸡蛋一个接一个地加入其中,然后拌入蛋黄和淡奶油。

重组沙布雷的制作

预热烤箱到170 ℃。

在装桨的厨师机缸中,将60 g的黄油和糖粉搅打成奶油霜状,撒进杏仁粉和盐之花,再倒入鸡蛋和预先筛好的面粉。

将制作好的面团擀开至2 mm厚,放入铺有烘焙油纸的烤盘里,入烤箱烘烤8分钟。烤出炉的沙布雷用料理棒或均质机打碎后,加入10 g软化成膏状的黄油混匀。准备好一份铺上硅胶烤垫的烤盘,放上一枚不锈钢方形模具,将沙布雷与黄油的混合物填充进去,大约5 mm的厚度。入烤箱(170 ℃)烘烤2分钟。随后灌入一层薄薄的芝士蛋糕面糊,大约5 mm的厚度,刚好填满四周的缝隙。烤箱温度降至120 ℃,继续烤2分钟。倒入剩余的芝士面糊,最后达到的总高度为2 cm,接着烘烤25分钟,出炉后室温冷却1小时,再转入冰箱冷藏1小时。

杏子夹心的制作

加热杏子果蓉,当温度达到40 ℃时,像下雨一样将琼脂撒进去,煮沸,离火后冷却。

杏子对半切开,去核,果肉切成小丁。将冷却后的杏子果蓉和预先焯过水的香菜叶一起打碎均质后加入杏肉小丁,再将此混合物灌进装有芝士蛋糕主体和沙布雷的方形模具内,高度为5 mm。转入冰箱冷冻定型2小时。

芝士慕斯的制作

将吉利丁片在冷水中浸泡至少20分钟。

用电动打蛋器打发冷的淡奶油,放入冰箱冷藏备用。

加热水和糖至121 ℃,倒入蛋黄里,用电动打蛋器高速搅打,再降为中速,持续搅打,直至冷却,此为沙巴雍。

以隔水加热的方式融化芝士,注意不要过度(60 ℃)。用一把刮刀拌入预先筛好的糖粉、泡软和拧干了水分的吉利丁片、制作好的沙巴雍,以及打发的淡奶油。

组装和完成

用一枚直径为5.5 cm的切模将冷冻杏子芝士切割出8块圆片。在直径为6 cm的硅胶模具里灌进核桃大小分量的芝士慕斯,接着放入杏子芝士圆片作为夹心,抹平,转入冰箱冷冻定型2小时。

分别加热喷砂液中的白巧克力和可可脂,然后混拌在一起,将喷砂液倒入空气压缩机(或者于维修店购买喷油漆的喷枪)的喷壶里。隔离好喷砂的场地(例如使用塑料喷砂防罩),将喷砂液在杏子芝士蛋糕上喷出天鹅绒般的质感。最后装饰切瓣的杏子和香菜苗。

我 的 技 巧

要确定芝士是否烤好，可用手指去碰触其表面，如果不粘手，那就说明烤得刚刚好。

桃子克拉芙缇

8人份克拉芙缇

真空桃子

500 g 桃子

100 mL 杏仁奶

100 g 桃子果蓉

克拉芙缇主体

65 g 杏仁粉

75 g 细砂糖

10 g 土豆淀粉

1枚鸡蛋

1枚蛋黄

65 g 厚奶油①

渍桃子

提前一天，将桃子削皮，对半切开。每半切成4份，每份再切成3块。将桃子块、桃子果蓉和杏仁奶一起放入尺寸合适的真空袋子里，抽去空气，放入冰箱冷藏24小时。

克拉芙缇主体的制作

提前一天，在盆中放入鸡蛋、蛋黄和细砂糖，混合，接着加入杏仁粉、土豆淀粉和厚奶油，搅拌均匀后，放入冰箱冷藏松弛24小时。

克拉芙缇的烘烤

预热烤箱到160 ℃。

将渍桃子块分放在8个小锅中，倒入克拉芙缇主体，入烤箱烘烤25分钟。

① 由法式酸奶油发酵而成，质地浓稠，带有酸味。如果难以购得，可以用马斯卡彭暂为替代。——译者注

巧克力帕里尼可可碎
圣多诺黑泡芙塔

8人份泡芙塔

荞麦反转千层酥

160 g 黄油

70 g 面粉

面皮层

60 mL 水

1滴醋

8 g 盐之花

50 g 黄油

120 g 面粉

40 g 荞麦面粉

40 g 可可粉

糖粉

泡芙面糊

50 mL 水

50 mL 全脂牛奶

20 g 黄油

20 mL 葡萄籽油

2 g 海盐

60 g 面粉

2枚鸡蛋

5 g 可可粉

酥皮

25 g 黄砂糖

20 g 黄油

25 g 面粉

3 g 可可粉

可可碎薄脆

100 g 占度亚巧克力

25 g 薄脆

25 g 可可碎粒

3 g 盐之花

巧克力奶油霜

70 mL 全脂牛奶

70 mL 淡奶油

1枚蛋黄

20 g 细砂糖

60 g 黑巧克力

10 g 可可膏

牛奶巧克力甘纳许

60 mL 淡奶油

3 g 葡萄糖浆

100 g 牛奶巧克力

170 mL 冷的淡奶油

焦糖

300 g 细砂糖

100 mL 水

75 g 葡萄糖浆

装饰

巧克力小珠

油酥和面皮层的制作

提前一天，混合反转千层酥里的黄油和面粉，在两张烘焙油纸之间擀成2 cm厚的长方形，放入冰箱冷藏至使用时取出，此为油酥。

同样提前一天制作面皮层。在装钩的厨师机缸中，按顺序依次混合所有的原料（除了糖粉），接着搅打至成团，整成正方形，放入冰箱冷藏12小时。

荞麦反转千层酥的制作

制作当日，将长方形的油酥擀成比面皮层略大的正方形，使其能将后者包裹进去。像信封状一样合拢四角，接着进行一轮三折。总共重复这个操作5次，在每轮操作之间，放入冰箱冷藏松弛30分钟。

将千层酥擀开至3 mm厚，放入预先铺有烘焙油纸的烤盘里，转入冰箱冷冻1小时，让其变硬，这样有助于烘烤时的定型。

预热烤箱到170 ℃。放入烤盘，烘烤25分钟。

将烤好的千层酥切割成8块直径为12 cm的圆片，翻转，并撒上糖粉。重新放入烤箱，215 ℃烘烤数分钟，让糖粉焦糖化。出炉后，放在架子上冷却。

泡芙面糊的制作

将牛奶、水、黄油、葡萄籽油和海盐倒入锅中加热，沸腾后立刻离火，一次性加入面粉和可可粉。回炉，中火边加热边不停翻拌，去除面糊里的水分，大约持续1分钟。

将制作好的面糊倒入装桨的厨师机缸中，慢速搅打10分钟，直至彻底冷却。一个接一个地加入鸡蛋，搅打至面糊质地变得光滑。装入带有直径为8 mm花嘴的裱花袋内，随后在防粘烤盘上挤出64枚小泡芙。转入冰箱冷冻储存。

酥皮的制作

混拌所有的原料直至成团。夹在两张烘焙油纸之间，擀开至1.5 mm厚，转入冰箱冷冻放置30分钟。一旦酥皮质地变硬，用直径为2.5 cm的切模切割出64枚圆片。

泡芙的烘烤

预热烤箱到180 ℃。

每一枚泡芙上覆盖一枚酥皮。入烤箱烘烤12分钟，出炉后放在架子上冷却。

可可碎薄脆的制作

融化占度亚巧克力，接着加入薄脆、可可碎粒和盐之花。夹在两张烘焙油纸之间擀开至4 mm厚，转入冰箱冷冻放置30分钟，让其定型，接着借助于切模，切割成8块直径为8 cm的圆片。

巧克力奶油霜的制作

将牛奶和淡奶油煮沸，加入细砂糖和蛋黄，煮至82 ℃，倒在巧克力和可可膏上面，均质后得到质地匀称的奶油霜，保鲜膜贴面覆盖，放入冰箱冷藏备用。

牛奶巧克力甘纳许的制作

将60 mL淡奶油和葡萄糖浆煮沸，然后倒入盛有切碎的牛奶巧克力的盆中，均质，接着加入冷的淡奶油，盖上保鲜膜，放入冰箱冷藏至使用时取出。

焦糖的制作

锅中放入细砂糖、水和葡萄糖浆，加热至160 ℃。

组装和完成

泡芙冷却后，用直径为6 mm的圆头裱花嘴将巧克力奶油霜填充进去。表面蘸上焦糖后，倒置放入半球的硅胶模具内（焦糖面接触模具）。

在每一枚千层酥的中间放置一块可可碎薄脆片，并覆盖上巧克力奶油霜。四周排布7枚泡芙。蛋抽打发牛奶巧克力甘纳许，装入裱花袋内，用圣安娜花嘴挤满酥皮。在甘纳许的最上面再放置1枚泡芙并装饰巧克力小珠。

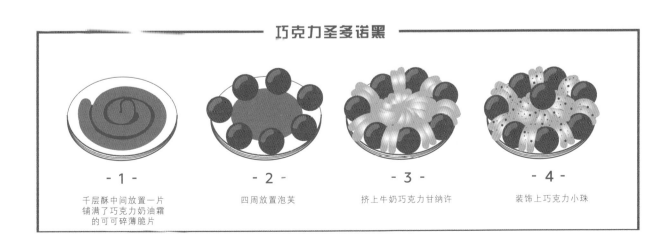

巧克力圣多诺黑

- 1 -
千层酥中间放置一片铺满了巧克力奶油霜的可可薄脆片

- 2 -
四周放置泡芙

- 3 -
挤上牛奶巧克力甘纳许

- 4 -
装饰上巧克力小珠

覆盆子-薄荷迷你小塔

8人份迷你小塔

薄荷奶油霜

120 mL 全脂牛奶

120 mL 淡奶油

4枚小号鸡蛋的蛋黄

30 g 细砂糖

6 g 吉利丁片

8 g薄荷叶

甜酥塔皮

60 g 黄油

38 g 糖粉

12 g 杏仁粉

1/4咖啡勺盐之花

1/2 枚鸡蛋

100 g T55面粉

杏仁奶油酱

53 g 黄油

53 g 糖粉

53 g 杏仁粉

5 g 吉士粉

1/2 枚鸡蛋

10 g 朗姆酒

覆盆子夹心

200 g 覆盆子果蓉

4 g 琼脂

覆盆子

200 g 覆盆子

薄荷奶油的萃取

提前一天，将牛奶、一半的淡奶油以及薄荷叶一起加热。再将剩余的淡奶油倒入，混合后放入箱冷藏24小时，萃取薄荷的香气。

甜酥塔皮的制作

在装桨的厨师机缸中，混合黄油和预先筛好的糖粉，直至成奶油霜质地。加入杏仁粉和盐之花，接着是鸡蛋，再撒上面粉。搅打至成团，包上保鲜膜，放入冰箱冷藏1小时。

预热烤箱到170 ℃。

将面团擀开至2.5 mm厚，填入8枚直径为7 cm的小塔圈内。底部铺上烘焙重石，入烤箱空烤15分钟。

杏仁酱的制作

在装上桨的厨师机缸中，放入黄油和预先筛好的糖粉，搅打至奶油霜状，依次加入杏仁粉、吉士粉、鸡蛋和朗姆酒。贴上保鲜膜，在室温下储存。

薄荷奶油霜的制作

加热萃取后的薄荷奶油，均质后过筛。

将吉利丁片在冷水中泡软。

在盆中，将蛋黄和细砂糖打发至颜色变浅，倒入薄荷奶油，混匀后煮沸。第一轮沸腾后停止加热，放入泡软且拧干了水分的吉利丁片，搅拌至完全融化。接着均质，使奶油霜质地均匀，保鲜膜贴面覆盖，在室温下储存。使用前用蛋抽打散，使其恢复光滑质地。

覆盆子夹心的制作

将覆盆子果蓉加热至40 ℃，像下雨一样撒入琼脂，不停搅拌，煮至沸腾。离火完全冷却后均质。

组装和完成

预热烤箱到170 ℃。

取出重石，塔底铺上一层杏仁奶油酱，入烤箱继续烘烤4分钟后取出让其冷却。

将覆盆子夹心装入裱花袋内，在杏仁酱表面挤上薄薄的一层，随后填入薄荷奶油霜，直至与塔齐平。精巧地摆放覆盆子，撒上糖粉。

开心果樱桃奇幻蛋白霜

8人份蛋白霜

奇幻蛋白霜

2枚蛋白

50 g 细砂糖

50 g 糖粉

20 g 可可脂

20 g 牛奶巧克力

开心果膏

100 g 开心果

1/4 咖啡勺盐之花

樱桃夹心

50 g 樱桃果蓉

1 g 碎脂

100 g 新鲜樱桃

牛奶巧克力打发甘纳许

80 mL 淡奶油

4.5 g 葡萄糖浆

125 g 牛奶巧克力

200 mL 淡奶油

巧克力开心果淋面

20 mL 水

55 g 细砂糖

55 g 葡萄糖浆

30 g 甜炼乳

3 g 吉利丁片

25 g 白巧克力

25 g 牛奶巧克力

10 g 开心果膏

巧克力外壳

50 g 黑巧克力

装饰

10 g 切碎的黑巧克力

10 g 切碎的牛奶巧克力

1 g 盐之花

10 g 切碎的开心果

50 g 樱桃

蛋白霜的制作

预热烤箱到70 ℃。

用电动打蛋器打发蛋白，期间逐步加入细砂糖，帮助稳定质地。蛋白霜打好后，改用刮刀将糖粉混拌入内。备好铺有烘焙油纸的烤盘，将蛋白霜装入带有直径为1.2 cm花嘴的裱花袋里，挤出16块直径为3 cm的圆片。

入烤箱烘干，全程4小时。

将融化的可可脂和牛奶巧克力用刷子涂在刚出炉的蛋白霜上，用于防潮、隔绝湿气。放在架子上备用。

开心果膏的制作

预热烤箱到170 ℃。

将开心果放入烤盘，入烤箱烘烤10分钟。冷却后加入盐之花，均质，直至得到质地光滑的膏状物。

樱桃夹心的制作

将樱桃果蓉加热至40 ℃，倒入琼脂，煮至沸腾，彻底冷却后均质。樱桃去核，切成较大的颗粒，加入果蓉内，混拌均匀。随后均匀分布在8枚直径为3 cm的硅胶模具内。

牛奶巧克力甘纳许的制作

将80 mL淡奶油和葡萄糖浆煮沸，然后倒入盛有切碎的牛奶巧克力的盆中，均质，接着加入冷的淡奶油，再次均质，盖上保鲜膜，放入冰箱冷藏备用。

巧克力开心果淋面的制作

将吉利丁片在冷水中泡软。

锅中放入水、糖、葡萄糖浆，加热至102 ℃，接着加入甜炼乳和泡软且拧干了水分的吉利丁片，搅拌均匀，然后分3次倒入切碎的巧克力和开心果膏的混合物里，均质全部后，放入冰箱冷藏备用。

装饰的制作

混合所有的原料。

巧克力外壳的制作

将巧克力切碎放入盆中，以隔水加热的方式将其融化，直至达到55 ℃。离火后继续搅拌至温度下降到28 ℃，接着回炉，重新升温至32 ℃（请参考第34页的巧克力调温曲线图）。将融化的巧克力倒入8枚直径为4.5 cm、高度为4.5 cm的软形硅胶模具中。翻转模具，将流淌而下的多余的巧克力液体刮去：巧克力外壳应该是极薄的。

组装和完成

用蛋抽打发牛奶巧克力甘纳许。

在每一枚巧克力外壳的底部，放入20 g甘纳许，接着叠上第一块蛋白霜圆片，并覆盖10 g甘纳许。随后依次放上樱桃夹心和5 g开心果膏。重新放入10 g甘纳许，最后以第二块蛋白霜圆片收尾。放入冰箱冷冻定型3小时。

将奇幻蛋白霜脱模。

加热淋面至40 ℃，淋在蛋糕上，并用抹刀抹去多余的部分。最后将装饰均匀地摆放在上面（食用之前放上樱桃），转入冰箱冷藏4小时，用于回温至最佳品尝口感。

野草莓迷你塔

8人份迷你塔

外交官奶油

200 mL 全脂牛奶

2枚蛋黄

30 g 细砂糖

4 g 吉士粉

10 g T55面粉

1根马达加斯加香草荚

2 g 吉利丁片

40 mL 冷的淡奶油

甜酥塔皮

60 g 黄油

38 g 糖粉

12 g 杏仁粉

1/4 咖啡勺盐之花

1/2 枚鸡蛋

100 g T55面粉

杏仁奶油酱

53 g 黄油

53 g 糖粉

53 g 杏仁粉

5 g 吉士粉

1/2 枚鸡蛋

10 g 朗姆酒

装饰

200 g 野草莓

香草牛奶的萃取

提前一天，对半划开香草荚，用刀尖刮取出香草籽。将香草籽和香草荚体一起浸泡在牛奶中，放入冰箱冷藏静置过夜，萃取香草的香气。

甜酥塔皮的制作

制作当日，在装桨的厨师机缸中，混合黄油和预先筛好的糖粉，直至成奶油霜质地。加入杏仁粉和盐之花，接着是鸡蛋，再撒上面粉。搅打至成团，包上保鲜膜，放入冰箱冷藏1小时。

预热烤箱到170 ℃。

将面团擀开至2.5 mm厚，填入8枚直径为7 cm的小塔圈内。底部铺上烘焙重石，入烤箱空烤15分钟，直至看不见面粉的生色。

杏仁奶油酱的制作

在装桨的厨师机缸中放入黄油和预先筛好的糖粉，搅打至膏状，再依次加入杏仁粉、吉士粉、鸡蛋和朗姆酒。盖上保鲜膜，在室温下储存。

外交官奶油的制作

将吉利丁片在冷水中泡软。

在盆中混匀蛋黄、细砂糖、面粉和吉士粉。

在小锅中煮沸萃取后的香草牛奶。过筛，拿走荚体，倒入制作好的蛋黄糊中。搅匀后重新全部倒回锅中，煮至沸腾，耗时约3分钟，期间不停搅拌。随后加入泡软且拧干了水分的吉利丁片，搅拌至全部融化。保鲜膜贴面覆盖，放入冰箱冷藏2小时。

打发淡奶油，混拌入内。

组装和完成

预热烤箱到170 ℃。

取出重石，塔底铺上一层杏仁奶油酱，入烤箱继续烘烤4分钟，冷却。

将外交官奶油挤至与塔齐平的高度。精巧地叠放野草莓，并撒上糖粉。

12点
即食甜点

　　这是什么？这是按照需求精心做出的甜点，在客人的眼皮底下，放入盘中即刻端上桌。这是我的标志！通常来说，甜点师是受限的，他的作品要扛得住时间，比如一整天。而我的即食甜点，仅仅只有不过十来分钟的生命长度。所以，创造的可能性要深挖……我们可以在烘烤、温度、质地上做文章，玩得很尽兴。这也使得我们更有创造的自发性，甜点也更多彩。这些脆弱的甜点必须要即刻品尝，看看我们的代表作吧，千层酥。它就完全不能保存，轻薄的黄油酥层如果在帕尼尼架子上重新加热，将会丧失酥脆的口感，再过几分钟，它亦会坍塌、软化。这些甜点是百分之百自私的快乐，无法携带回家。

栗子醋栗蒸汽蛋白霜

8人份蛋白霜	**乳蛋白**
	240 g 方登糖
醋栗果糊	160 g 葡萄糖浆
250 g 醋栗果蓉	
5 g 琼脂	**干蛋白**
	3枚蛋白
栗子巴菲	200 g 细砂糖
220 mL 冷的淡奶油	
5枚蛋黄	**甜菜粉**
50 mL 水	1枚生的小号甜菜根
50 g 细砂糖	
8 g 吉利丁片	**装饰**
300 g 栗子膏	甜菜粉
25 mL 朗姆酒	48 g 粒鲜醋栗

蒸汽蛋白

4枚蛋白

50 g 细砂糖

我的技巧

为了只在玻璃纸上留下薄薄一层油，我先用刷子涂上油脂，然后用厨房吸水纸擦拭一遍，去除多余的部分。这样就能获得一片极纤薄的油脂层。

甜菜粉的制作

将甜菜根剥皮，切成薄片，放入烤盘。入烤箱，70 ℃烘烤2小时使其变干。均质，过筛，将得到的粉末保存。

醋栗果糊的制作

加热醋栗果蓉至40 ℃，像下雨一样撒入琼脂，不停搅拌，煮沸后，彻底冷却再均质。倒入一枚长方形模具内，约1 mm厚度。

栗子巴菲的制作

混匀栗子膏和朗姆酒，将吉利丁片在冷水中泡软。

用电动打蛋器搅打蛋黄。加热细砂糖和水至120 ℃，倒入蛋黄内，以高速继续搅打，直至完全冷却。加入泡软且拧干了水分的吉利丁片。此为沙巴雍。

用电动打蛋器打发冷的淡奶油。将制作好的沙巴雍和栗子膏混合，再改用刮刀轻柔地将打发的淡奶油混入。随后将混合物倒入醋栗果糊层上，厚度为2 mm，转回冰箱冷冻4小时。

蒸汽蛋白的制作

打发蛋白和细砂糖，直至呈泡沫状。装入裱花袋，挤进直径为2.5 cm的半球硅胶模具中。入蒸汽烤箱用70 ℃烘烤6分钟。

这个蛋白霜对我来说很重要吗？那是自然！它堪称我的第一份匠心之作，以下便是全部的秘密：它构思于数千米高空——在2011年载着我从圣巴特回来的飞机上。此前，我刚经历了在兰卡斯特酒店失败后最为抑郁的几个月。突然，一切都明朗了。在过去那么多年，跟随了那么多主厨之后，我设想出一款以冰冻巴菲为底，佐以水果果酱的甜点，带着温度与质地的差异，既纤细又轻盈。它富有情感，并将打破常规！回到巴黎之后，我迅速在勃艮第酒店找到了工作，并第一时间将它做了出来，获得了极大的成功。这份蛋白霜标志着我的新生，因为它，我终于明白，通过一份甜点来传递感情到底意味着什么。

乳蛋白的制作

预热烤箱到180 ℃。

在小锅中加热葡萄糖浆和方登糖至160 ℃（用厨房温度计监测温度）。彻底冷却后，均质。

将这些极细的粉末倒入8枚7 cm×10 cm尺寸的硅胶模具里，入烤箱烘烤2分钟，让其融化。

干蛋白的制作

准备一盆微沸的水，用作隔水加热。在盆中放入蛋白和细砂糖，连盆一起放入热水中，不停搅拌，升温至50℃。离火，将盆取出，继续用电动打蛋器搅打至冷却。

用抹刀将蛋白在轻微涂抹了油脂的硬质玻璃纸上摊开至1 mm的厚度。随后，用切模切割成8枚7 cm×10 cm的长方形。

组装和完成

将冷冻的栗子醋栗巴菲切割成8枚7 cm×10 cm的长方形。

在每一枚巴菲上，放一片薄薄的长方形干蛋白，随后排列12枚（共3排，每排4枚）半球形蒸汽蛋白。每2枚蒸汽蛋白间，点缀一粒新鲜的醋栗，并撒上甜菜粉，最后在顶部摆放一片乳蛋白（请见插图）。

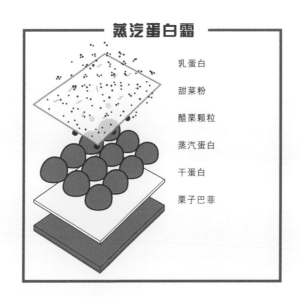

蒸汽蛋白霜

乳蛋白

甜菜粉

醋栗颗粒

蒸汽蛋白

干蛋白

栗子巴菲

香草金橘布里欧修吐司

8人份吐司

香草冰激凌

500 mL 全脂牛奶

7枚蛋黄

150 g 细砂糖

1根马达加斯加香草荚

布里欧修面团

570 g T45面粉

60 g 细砂糖

12 g 海盐

15 g 新鲜面包酵母

9枚鸡蛋

450 g 黄油

黄油和糖（用于烘烤）

糖渍金橘

300 g 金橘

250 g 细砂糖

500 mL 水

卡仕达酱

1 L 全脂牛奶

12枚蛋黄

200 g 细砂糖

50 g T55面粉

20 g 吉士粉

4根马达加斯加香草荚

150 mL 冷的淡奶油

香草粉

2根马达加斯加香草荚

用于冰激凌的英式蛋奶酱

提前一天，在盆中放入蛋黄和细砂糖，搅打至颜色变浅。在锅中，加热牛奶和香草籽至沸腾，将热牛奶倒入蛋黄糊中，全部重新回锅煮至82 ℃（用厨房温度计测量温度，注意液体不要沸腾）。维持这个温度大约1分30秒，不停地搅拌，直到液体变浓稠（如果用勺子蘸取，能够挂在勺子的背面）。离火，保鲜膜贴面覆盖，放入冰箱冷藏24小时让风味融合。

香草牛奶的萃取

提前一天，对半剖开卡仕达酱中准备的香草荚，用刀尖刮取出香草籽。将香草籽和香草荚体一起浸泡在牛奶中，放入冰箱冷藏静置过夜，萃取香草的香气。

布里欧修面团的制作

提前一天，在装钩的厨师机缸中，放入面粉、细砂糖、海盐和酵母。慢速搅打，接着逐步加入鸡蛋，提速继续搅打至成团，不粘缸壁。随后加入切成丁的冷黄油，中速搅打，直至面团质地均匀且富有弹性。

将其放入一个微铺面粉的盆中，盖上一块湿布，在室温下醒发1小时。用掌心用力按压面团进行排气，整成球状，用保鲜膜贴着面团包裹住，放入冰箱冷藏松弛24小时。

香草冰激凌的制作

将冷的英式蛋奶酱倒入雪葩机器内搅拌，成品储存在冰箱冷冻里至使用时取出。

布里欧修的烘烤

预热烤箱到170 ℃。

将面团放入布里欧修的模具中，入烤箱烘烤30分钟，出炉冷却后，切割成边长为5 cm的立方体。

卡仕达酱的制作

在盆中搅打蛋黄和细砂糖直至颜色变浅，加入预先筛好的面粉和吉士粉，搅拌均匀。

将萃取后的香草牛奶过筛（拿掉香草荚）。将其加热后倒入制作好的蛋黄混合物中，混匀，重新倒回锅中煮沸，全长约为3分钟，整个过程都需要不停搅拌。离火后，保鲜膜贴面覆盖，让其冷却。

用电动打蛋器打发淡奶油，再拌进冷却的卡仕达酱中。

香草粉的制作

将香草荚放在烤盘上，入烤箱50 ℃烘烤3小时至烤干，均质，然后过筛。将获得的粉末储存备用。

糖渍金橘的制作

将金橘洗净，切成圆片，在热水里焯过后，再浸泡进冰水里。重复3次，用于去除涩味。

在小锅中煮沸水和细砂糖，得到糖浆。加入金橘圆片，小火慢煮至糖渍。

组装和完成

用刷子给布里欧修方块的每一面都刷上少许融化的黄油。随后放入细砂糖里，让每一面都沾上砂糖。再立刻转移到热的平底锅里。将每一面都烘至金黄，出锅。

铺一层卡仕达酱，放置一枚布里欧修，其上再点缀菱形的香草冰激凌，最后精巧地布上糖渍金橘，并撒上香草粉。

爱尔兰咖啡蛋白霜塔

8枚蛋白霜塔

香草打发奶油

400 mL 淡奶油

2根马达加斯加香草荚

爱尔兰百利甜酒甘纳许

400 mL 淡奶油

600 g 牛奶巧克力

4 g 吉利丁片

100 mL 百利甜酒

咖啡芭菲

800 mL 淡奶油

80 g 埃塞俄比亚西达摩

咖啡豆

30 g 细砂糖

30 mL 水

1枚蛋白

30 g 细砂糖

4枚蛋黄

2枚尺寸较小的鸡蛋

10 g 吉利丁片

蛋白霜塔壳

7枚蛋白

200 g 细砂糖

200 g 糖粉

装饰

10 g 可可粉

香草奶油的萃取

提前一天，加热1/3的淡奶油和将香草荚对半剖开后刮取出的香草籽，注意不要沸腾。接着倒入剩余的冷的淡奶油，放入冰箱冷藏静置24小时，萃取香草的香气。

用于芭菲的咖啡萃取液

提前一天，将咖啡豆打碎，将得到的咖啡粉末与冷的淡奶油混合，放入冰箱冷藏静置24小时，萃取咖啡的香气。

咖啡芭菲的制作

将吉利丁片在冷水中泡软。

厨师机缸中倒入鸡蛋和蛋黄，以高速打发至颜色变浅。将30 mL水和30 g细砂糖加热到120 ℃。将热糖浆倒入蛋液混合物中，继续以高速搅打至完全冷却，再加入泡软且拧干了水分的吉利丁片。

糖加蛋白打发后，改用刮刀，与糖浆蛋液混匀。

将咖啡液过筛，用电动打蛋器打发，混拌进前一个步骤的所得物内。最后全部倒入一枚边长为20 cm、高度为1 cm的方形模具内，放入冰箱冷冻2小时。

百利甜酒甘纳许的制作

将淡奶油煮沸，加入预先已经在冷水中泡软的吉利丁片。将牛奶巧克力切碎，放入盆中，接着倒入热的淡奶油和百利甜酒，混合均匀。

在冷冻定型的芭菲上，放置一枚边长为20 cm、高度为5 cm的方形模具，将甘纳许倒入，放入冰箱冷冻2小时。

蛋白霜的制作

准备好一锅微沸的水（最高60 ℃），用于隔水加热。

在盆中加入蛋白和细砂糖，连盆放入准备好的热水里，打发全部。待蛋白霜冷却后，改用刮刀将糖粉混拌入内，最后装进裱花袋内。

蛋白霜塔壳的制作

在一张硬质玻璃纸上割出2个12 cm直径的圆洞，作为镂空模板。接着用美工刀切出4块15 cm×33 cm大小的基底以及8条1.8 cm×40 cm的长条。

将玻璃纸基底与长条涂上一层薄薄的油脂（详见页底插图），把圆形镂空模板或者长条放置在基底上，并挤上蛋白霜（1）。用抹刀抹平，去除气泡，接着再抹上第二层蛋白霜，用于达到理想的厚度（2）。随后取下圆形模板（3）。

由此得到2枚纤薄的蛋白霜饼，每一枚旁边，再围上一圈蛋白霜长条（4）。调整收尾的接口处，挤上一点蛋白霜，助于黏合。最后得到一枚完美闭合的蛋白霜圆环。

用这2块圆形镂空模板重复4次这样的操作，最终总共得到8枚蛋白霜塔壳。

预热烤箱到50 ℃。

将蛋白霜塔壳放在硅胶垫上，入烤箱，烘干水分，全长4小时。

组装和完成

轻柔地将蛋白霜塔壳脱模。

用一枚直径为11 cm的切模在冻硬的芭菲里切割出8块圆片，接着用电动打蛋器打发香草奶油。

用勺子在巴菲圆片上铺上一层打发的奶油。再小心地放置一枚蛋白霜塔壳，轻轻地按压下去，让奶油填充内部的空间。最后在旁侧撒上可可粉。

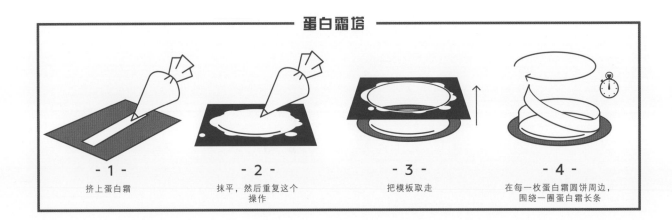

蛋白霜塔

- 1 -
挤上蛋白霜

- 2 -
抹平，然后重复这个操作

- 3 -
把模板取走

- 4 -
在每一枚蛋白霜圆饼周边，围绕一圈蛋白霜长条

桃子芭芭

8枚芭芭

白桃雪葩

1000 g 白桃

100 g 糖粉

50 g 桃子利口酒

糖渍桃子

5枚白桃

500 mL 水

200 mL 杏仁奶

法式－瑞士蛋白霜

200 g 糖粉

3枚蛋白

200 g 桃子利口酒

100 g 细砂糖

100 g 糖粉

芭芭面团

100 g 面粉

桃子果糊

1 g 海盐

30 g 黄油

500 g 桃子

4 g 新鲜酵母

10 g 琼脂

4 g 蜂蜜

2枚大号鸡蛋

桃子库利

1000 g 桃子

300 g 桃子风味浓缩糖浆

糖浆蘸液

600 mL 水

桃子粉

110 g 细砂糖

5个白桃的皮

60 mL 桃子糖浆

1个桃子

淋面酱

40 mL 水

1 g NH果胶

12 g 细砂糖

6 g 葡萄糖浆

糖渍桃子

提前一天，煮沸水、杏仁奶和糖粉，离火加入桃子利口酒，搅匀后让其冷却。取出60 mL备用，用于芭芭的糖浆蘸液。

桃子洗净，无须去皮，对半切开。每半边先切成4块，然后每块又切成3份，将桃子块和前一个步骤制得的桃子糖浆装入尺寸合适的真空食物袋子里，放置24小时，使水果吸取糖浆。

白桃雪葩的制作

提前一天，将白桃去皮去核，切成块，放置在盘子里。加入糖粉和桃子利口酒，混拌均匀，转入冰箱冷藏过夜，让风味变成熟。

制作当日，将桃子均质，倒入雪葩机器内搅打，制作完毕后转入冰箱冷冻储存，使用时取出。

法式–瑞士蛋白霜的制作

加热一锅水到60 ℃，作隔水加热之用。将蛋白和细砂糖放入一个盆里，再连盆放入热水中，不停搅打，充盈进空气，直到细砂糖全部溶解（取部分尝试，齿间没有糖分的摩擦感即可）。将盆从隔水加热的锅中取出，用电动打蛋器继续打发至降温。最后改用刮刀分次加入预先筛好的糖粉混拌均匀。

预热烤箱到50 ℃。用一片巧克力玻璃纸，切割出24片镂空的梯形，长为6 cm，放置在烘焙油纸上。接着用一把刷子将法式瑞士蛋白霜涂在上面。随后将烘焙油纸卷起放进水沟状的模具里，用以得到内卷造型的蛋白霜。入烤箱，烘烤2小时变干。

芭芭面团的制作

在装钩的厨师机缸中，放入预先筛好的面粉、海盐、酵母以及蜂蜜。搅打过程中再逐步地加入鸡蛋，直到面团不粘缸壁。接着加入黄油，继续搅打至面团不粘缸壁。将面团装入数枚直径为6 cm的硅胶模具内，盖上保鲜膜，在室温（28 ℃）下醒发1小时30分钟。

芭芭的烘烤

预热烤箱到180 ℃。

当芭芭面团醒发膨胀后，入烤箱180 ℃烘烤15分钟，然后转成160 ℃烘烤20分钟。取出芭芭，待其冷却后脱模，放置在烤架上。

桃子果糊的制作

桃子去皮（留5枚的量用于制作桃子粉），去核，切成大块，放入原汁机中。将得到的桃子汁加热至30 ℃，像下雨一样撒入琼脂，接着煮至微沸。彻底冷却后均质。

桃子粉的制作

将前一个步骤预留的桃子皮放置在烤盘上，烤箱60 ℃烘干4小时。彻底冷却后均质，过筛，将获得的粉末储存备用。

桃子库利的制作

将桃子去皮去核，切成块。放入盆中，和桃子风味浓缩糖浆一起均质成库利糊状。

糖浆蘸液的制作

将水和细砂糖煮沸，接着加入糖渍桃子制作中预留出的桃子糖浆。过筛，继续加热至微沸（60 ℃），用一把长柄大汤勺将糖浆大量地、数次地浇在芭芭上，达到均匀分布的效果。

淋面酱的制作

加热水和一半的细砂糖以及葡萄糖浆，当糖浆煮到45 ℃时，倒入果胶和剩余的细砂糖的混合物，煮至沸腾，时长约1分钟。

组装和完成

在盘中，放入少许糖渍桃子和库利的混合物，叠加一些桃子果糊，接着放置2枚已经浇上淋面酱的芭芭，以及2枚菱形的桃子雪葩。

最后撒上桃子粉，并在顶部装饰3枚梯形蛋白霜和少许新鲜桃子块。

红浆果巴弗洛娃

8枚巴弗洛娃

香草香缇奶油

350 mL 淡奶油

30 g 糖粉

1 根马达加斯加香草荚

巴弗洛娃

12枚蛋白

30 g 土豆淀粉

300 g 细砂糖

300 g 糖粉

红浆果库利

200 g 草莓

200 g 覆盆子

100 g 黑莓

100 g 蓝莓

30 g 黑加仑

水果

100 g 草莓

100 g 覆盆子

50 g 黑莓

50 g 蓝莓

20 g 野草莓

红浆果雪葩

400 g 草莓

400 g 覆盆子

100 g 黑莓

100 g 蓝莓

450 mL 水

150 g 细砂糖

7 g 雪葩稳定剂

110 g 葡萄糖粉

装饰

20枚野草莓

1盒绿色的紫苏苗

香草奶油的萃取

提前一天，加热一半的淡奶油、糖粉和对半剖开香草荚后刮取出的香草籽。再倒入剩余的淡奶油，混合，盖上保鲜膜，放入冰箱冷藏24小时，萃取香气。

红浆果雪葩的准备

提前一天，大致清洗水果并放入盆中。加热水和120 g细砂糖至40 ℃，接着放入葡萄糖粉、稳定剂和剩余的细砂糖，煮至沸腾。将这份热的糖浆倒入水果里，均质，转入冰箱冷藏过夜，让风味成熟。

红浆果雪葩的制作

制作当日，将前一个步骤制得的红浆果主体倒入雪葩机器内搅拌。制作完毕后，转入冰箱冷冻至使用时取出。

巴弗洛娃的制作

准备一锅微沸（最多60 ℃）的水，做隔水加热之用。在盆中放入蛋白、细砂糖和淀粉，接着连盆放入热水锅中，搅打至细砂糖全部溶化。随后离开热水锅，将盆浸入冰水里，继续搅打至蛋白霜变得细腻又光亮，质地硬挺——盆子翻转都不会掉落。

改用刮刀加入糖粉混拌均匀。

预热烤箱到120 ℃。

将蛋白霜装入带有直径为1.4 cm圆头花嘴的裱花袋内，在烤盘上挤出24枚小球，接着换成直径为1 cm的花嘴，挤出16枚小球，入烤箱，炉门半开，烘烤20分钟。取出巴弗洛娃后，放在烤架上冷却。

红浆果库利的制作

大致清洗草莓，去蒂。将个头较大的那些切成块。把黑加仑一个个摘下。将所有的水果放入盆中，均质成库利糊状。

水果的准备

大致清洗草莓，去蒂。按照个头，将水果对半切或者切成4瓣，接着与红浆果库利混合在一起。

装盘和完成

将野草莓对半切开。萃取后的香草奶油过筛，打发成香缇奶油，装入裱花袋内。

在盘子的底部，放入少许带有果粒的红浆果库利。再摆上3枚巴弗洛娃，顶着1枚菱形雪葩。挤上3份玫瑰状的香草香缇奶油，最后装饰对半切开的野草莓和紫苏苗。

青苹果-紫苏蛋白霜冰激凌

8人份冰激凌

青苹果雪葩

500 g 澳洲青苹果果蓉

400 mL 水

紫苏奶油霜

100 g 细砂糖

200 mL 全脂牛奶

90 g 葡萄糖粉

200 mL 淡奶油

4 g 雪葩稳定剂

6枚蛋黄

30 g 酸青苹果利口酒

80 g 细砂糖

4 g 吉利丁片

20 g 大的青紫苏叶片

紫苏粉

1盒大的青紫苏叶片

真空青苹果球

500 mL 水

法式－瑞士蛋白霜

100 g 细砂糖

3枚蛋白

50 mL 柠檬汁

100 g 细砂糖

4枚澳洲青苹果

100 g 糖粉

青苹果果糊

蒸汽蛋白

250 g 澳洲青苹果

4枚蛋白

20 mL 黄柠檬汁

40 g 细砂糖

5 g 琼脂

装饰

2枚澳洲青苹果

1盒红紫苏苗

蛋白霜冰激凌的组装

- 1 -

放置菱形雪葩、苹果
球和蒸汽蛋白

- 2 -

挤上紫苏奶油霜和青苹果
果糊

- 3 -

以蛋白霜片、苹果片、紫苏粉
和红紫苏苗收尾装饰

紫苏奶油的萃取

提前一天，加热牛奶和浸泡了紫苏叶子的1/2份淡奶油。再倒入剩余的淡奶油，混匀，放入冰箱冷藏24小时，萃取香气。

真空青苹果球的制作

提前一天，煮沸水和细砂糖，然后加入柠檬汁，过筛后，加热至微沸（60 ℃）。

苹果去皮，用一把挖球勺挖出小球。将它们与温热的糖浆装入尺寸合适的真空袋，放入冰箱冷藏过夜。

青苹果雪葩的准备

提前一天，加热水和80 g细砂糖至40 ℃，随后放入葡萄糖粉、稳定剂以及剩余的细砂糖，煮至沸腾。将这份热的液体倒入苹果果蓉内再加入酸青苹果利口酒，均质。转入冰箱冷藏过夜，使风味成熟。

青苹果雪葩的制作

制作当日，将前一个步骤制得的青苹果主体倒入雪葩机器内搅拌。制作完毕后，转入冰箱冷冻至使用时取出。

青苹果果糊的制作

苹果洗净，切成4大块，无须去皮，放入原汁机中。榨汁后即刻加入柠檬汁防止氧化。加热至40 ℃，像下雨一样撒入琼脂，煮沸，待其完全冷却后均质。

紫苏奶油霜的制作

加热萃取后的紫苏奶油，均质后过筛。将吉利丁片在冷水中泡软。

在盆中，将蛋黄和细砂糖打发至颜色变浅，浇入紫苏奶油，搅匀，然后煮沸。第一轮沸腾后停止加热，放入泡软且拧干了水分的吉利丁片，搅拌至完全融化。接着均质，使奶油霜质地均匀。保鲜膜贴面覆盖，放入冰箱冷藏备用。使用前用蛋抽打散，使其恢复光滑质地。

紫苏粉的制作

将紫苏叶在热水中焯过后迅速浸入冰水中，去除涩味。置于烤盘上，烤箱60 ℃烘干4小时，彻底冷却后均质。过筛，所得的粉末储存备用。

法式-瑞士蛋白霜的制作

加热一锅水到60 ℃，作隔水加热之用。将蛋白和细砂糖放入一个盆里，再连盆放入热水中，不停搅打，充盈进空气，直到细砂糖全部溶解（取部分尝试，齿间没有糖分的摩擦感

即可）。将盆从隔水加热的锅中取出，用电动打蛋器继续打发至降温。最后改用刮刀分次加入预先筛好的糖粉混拌均匀。

预热烤箱到50 ℃。

将蛋白霜铺平在预先涂抹了少许油脂的巧克力玻璃纸上，用抹刀抹平成0.5 cm的厚度，入烤箱，烘烤2小时至去除水分。

蛋白霜冷却后，掰成块状。将每一块的边缘用擦皮器打磨光滑。

蒸汽蛋白的制作

打发蛋白和细砂糖，直至呈泡沫状质地。倒入直径为2.5 cm的硅胶半球模具里，蒸汽烤箱85 ℃烘烤8分钟。放入冰箱冷藏储存。

组装和完成（详见第101页的插图）

盘中放置1块菱形的雪葩，上面细致地摆放苹果小球和蒸汽蛋白（1），接着挤上青苹果果糊和奶油霜（2）。随后点缀蛋白霜碎片，并撒上紫苏粉，最后用青苹果薄片和红紫苏苗装饰（3）。

我的技巧

在操作前，为了让紫苏奶油霜恢复柔滑状态，便于操作，必须提前准备——用蛋抽用力地搅打，使其重新回到均称的质地，完美融合。

百香果慕斯

8人份慕斯

芒果雪葩

1000 g 芒果

500 mL 水

200 g 细砂糖

150 g 葡萄糖粉

10 g 雪葩稳定剂

30 g 香菜叶

芒果百香果夹心

125 g 百香果果蓉

125 g 芒果果蓉

5 g 琼脂

4 g 香菜叶

蒸汽蛋白

16枚蛋白

200 g 细砂糖

法式-瑞士蛋白霜

7枚蛋白

200 g 细砂糖

200 g 糖粉

芒果百香果果糊

3枚芒果

3枚百香果

250 g 芒果百香果夹心

装饰

1盒香菜苗

我的技巧

事实上，法式-瑞士蛋白霜的轻盈质感源自它分成了两次进行制作：隔水加热的步骤使得它能将糖颗粒融化完全；随后离火，打发蛋白至冷却的操作，将空气充盈入内，让体积得以膨胀。

法式–瑞士蛋白霜的制作

加热一锅水到60 ℃，作隔水加热之用。将蛋白和细砂糖放入一个盆里，再连盆放入热水中，不停搅打，充盈进空气，直到细砂糖全部溶解（取部分尝试，齿间没有糖分的摩擦感即可）。将盆从隔水加热的锅中取出，用电动打蛋器继续打发至降温。最后改用刮刀分次加入预先筛好的糖粉混拌均匀。

装入带有直径为6 mm花嘴的裱花袋内，在微微涂抹了油脂的硬质玻璃纸上，挤出蛋白霜长棍，让其在室温干燥处过夜，去除水分。

当蛋白霜变干燥后，将其切成0.5 cm长的小棍。

芒果雪葩的准备

提前一天，将芒果去皮去核，取出果肉，切成小块放入盆中。加热水和170 g细砂糖至40 ℃，接着放入葡萄糖粉、稳定剂和剩余的细砂糖。煮沸后，倒在芒果块上。再加入预先在热水里焯过的香菜叶，全部均质。接着转入冰箱冷藏过夜，让风味成熟。

芒果雪葩的制作

制作当日，将前一个步骤完成的芒果泥倒入雪葩机器内搅拌，再将成品灌进高度为1 cm的方形模具内，放入冰箱冷冻至使用时取出。

芒果百香果夹心的制作

加热芒果和百香果果蓉至40 ℃，将琼脂像下雨一样撒进去，煮沸。待其完全冷却后，加入香菜叶，均质。常温储存。

蒸汽蛋白的制作

打发蛋白和细砂糖直至得到泡沫状的质地，倒入高度为1 cm的方形模具内，蒸汽烤箱70 ℃烘烤6分钟。

芒果百香果果糊的准备

将芒果去皮，果肉切成块状。将百香果对半切开，用勺子挖出果肉，在盆中和芒果果肉以及芒果百香果夹心混合。

组装和完成

用7 cm直径的切模在芒果雪葩里刻出8块圆片。

再用6.5 cm直径的切模刻出8枚圆形蒸汽蛋白，并铺满切好的蛋白霜小棍。随后借助于3.5 cm直径的切模，将蒸汽蛋白的中心镂空。最后摆盘为：在每一块雪葩圆片上放置一枚蒸汽蛋白，镂空处用芒果百香果果糊填满，最后以香菜苗作装饰。

马达加斯加香草千层

8人份香草千层

焦糖黄油酥饼

400 g T45面粉

130 g 黑麦面粉

15 g 盐之花

10 g 新鲜酵母

300 mL 水

500 g 黄油

350 g 细砂糖

100 g 马斯科瓦多粗红糖

外交官奶油

200 mL 全脂牛奶

2枚蛋黄

30 g 细砂糖

4 g 吉士粉

10 g T55面粉

1根马达加斯加香草荚

2 g 吉利丁片

40 mL 冷的淡奶油

香草粉

数支马达加斯加香草荚

装饰

糖粉

外交官奶油（即卡仕达酱）的制作

将吉利丁片在冷水中泡软。

在盆中混匀蛋黄、细砂糖和吉士粉。

在小锅中煮沸牛奶和香草荚。过筛，倒入制作好的蛋黄糊中。重新全部倒回锅中，煮至沸腾，耗时3分钟。取走香草荚体，加入泡软且拧干了水分的吉利丁片，搅拌至全部融化。保鲜膜贴面覆盖，放入冰箱冷藏2小时。

香草粉的制作

将香草荚放在烤盘上，烤箱50 ℃烘烤3小时至干燥。均质荚体，过筛，储存获得的粉末。

焦糖黄油酥饼的制作

在装钩的厨师机缸中，放入两种预先筛好的面粉、盐之花、酵母、水以及切块的黄油，慢速搅打6分钟，取出面团，整形成长方形，放入冰箱冷冻30分钟，然后冷藏1小时。

将细砂糖和马斯科瓦多粗红糖混合打碎，使其风味相融。

取出面团，先在微铺了面粉的操作台面上擀开，进行两轮三折，每轮之间，放入冰箱冷藏1小时。完毕后，继续进行两轮三折，同时混入前一个步骤制得的混合糖类（留存一点）。

在操作台上，将面团擀开至1 cm的厚度，撒上事先预留的混合糖类，然后紧实地卷起来。

用保鲜膜包裹住面团卷，放入冰箱冷冻30分钟，使其定型。

将面团卷切割成3 mm的厚度，取这些圆片酥饼夹在两张烘焙油纸之间，放入烤帕尼尼的机器内，190 ℃烤制1分钟。

组装和完成

电动打蛋器打发淡奶油，混拌进冷的卡仕达酱里。将其装入裱花袋内，在盘子里挤出4~5条，随后盖上一块酥饼。重复这样的操作3次，最后以焦糖黄油酥饼收尾，撒上糖粉和香草粉进行装饰。

12点半
咸点的补充

午饭时间，我们的店铺依然充满了欢乐。要好的公司同事们选择到此处度过午时休憩时光，他们会品尝我们的汤、洛林蛋肉派、自助三明治、素食者沙拉等等。作为一名曾专业受训的厨师，我知晓，咸味是一切的基础，甜度需排后，因此我们在咸味产品上颇费了些心思。某些产品是有机的，就像三明治中的鸡肉，来自于人性化的养殖产地。我深信，这一举措能对味觉有所影响。更特别的是，我们使用了非常多的香草植物，它们是咸点和甜点的共同之处，也构成了我们的标志风格。香草，例如龙蒿、马鞭草、紫苏、香菜，亦能带来清新的风味。

面包

8人份面包

360 mL 水

12 g 新鲜酵母

18 mL 橄榄油

9 g 海盐

600 g 面粉

用于涂抹面团的橄榄油

用于鸡肉三明治

20 g 芝麻

20 g 可食用罂粟籽

用于素食者三明治

20 g 葵花籽

20 g 橄榄膏

面包的制作

在碗中溶解水和酵母，将其倒入装钩的厨师机缸中。撒上预先筛好的面粉，慢速搅打4分钟，再依次加入橄榄油、盐，中高速搅打3分钟，在室温（最高不超过28 ℃）下发酵10分钟。

为面团排气，即用掌心用力地拍打面团，将里面的空气排出。整成球形后，重新醒发10分钟。

在放置有烘焙油纸的烤盘上，将面团整形成55 cm×11 cm的长方形。在室温（最高不超过28 ℃）下醒发25分钟。

预热烤箱到210 ℃。

面团醒发好后，用刷子涂抹上橄榄油。

用于鸡肉三明治的面包，撒上芝麻和可食用罂粟籽。

用于素食者三明治的面包，涂上橄榄膏，撒上葵花籽。

入烤箱，烘烤12分钟，出炉后，放置在架子上备用。

素食者三明治

8人份素食者三明治

面包
详见第111页

红酱
200 g 番茄
100 g 圣女果
12 g 埃斯佩雷特红辣椒①
130 g 红洋葱
1/2瓣大蒜
20 mL 橄榄油
30 g 核桃肉
130 g 甜红椒
60 g 油渍番茄
20 g 去核黑橄榄
5 g 海盐
2 g 黑胡椒
8 mL 雪利葡萄酒醋

蔬菜
1个甜红椒
1个甜青椒
1个茄子
1个西葫芦
50 g 去核黑橄榄
500 mL 橄榄油
1束罗勒叶

夹馅
100 g 圣女果
1束罗勒叶
1把齿形莴苣
30 g 蟹肉
1束青葱
100 g 油渍番茄

蔬菜的准备
提前一天，将甜椒和茄子放入烤箱，180 ℃烘烤20分钟。将西葫芦对半切开，去籽，在盐水里焯一次。

将甜椒、茄子、西葫芦切成薄片放入盘中，加入去核黑橄榄、择好的罗勒叶和橄榄油。用保鲜膜包住，放入冰箱冷藏渍12小时。

红酱的制作
锅中倒入橄榄油，翻炒辣椒、洋葱和大蒜。接着放入料理碗中和其他材料一起打碎，直至成膏状。

夹馅的制作
将圣女果对半切开。齿形莴苣切条，用流水简单冲洗，甩干水分。将蟹肉和油渍番茄切成片状。青葱切碎。罗勒择出叶子。

组装和完成
将面包横着切成两半，分别涂上一层红酱。底部的一半再放上莴苣叶和圣女果。随后将油渍蔬菜和剩余的红酱混合，铺在上面，接着摆放蟹肉、青葱、罗勒叶和油渍番茄，最后合拢两片面包。

---

① 产自法国巴斯克地区的一种辣椒，颜色大红，口味温和，带果香。

鸡肉三明治

8人份鸡肉三明治

面包
详见第111页

龙蒿青酱
500 mL 橄榄油
4束龙蒿
2 g 海盐
2 g 黑胡椒

龙蒿蟹肉蛋黄酱
2枚蛋黄
1汤勺①第戎芥末
100 mL 花生油
5 mL 雪利葡萄酒醋
1束龙蒿
10 g 蟹肉
2 g 海盐
2 g 黑胡椒

烤鸡
1只有机整鸡
1枚干葱头
1瓣大蒜
20 g 新鲜百里香
25 g 半盐黄油
15 g 第戎芥末
2 g 海盐
2 g 黑胡椒
30 mL 花生油

夹馅
100 g 圣女果
50 g 酸黄瓜
1把长叶莴苣
20 g 蟹肉
100 g 油渍番茄
50 g 芝麻菜
50 g 皱叶菊苣

龙蒿青酱的制作

在料理杯中混合所有的原料，均质。

龙蒿蟹肉蛋黄酱的制作

龙蒿择叶，用流动水简单冲洗后剪碎，同样剪碎蟹肉。

在一个直筒状容器里，放入蛋黄、芥末、盐和黑胡椒，然后用蛋抽搅打，同步一点点地加入花生油，并滴入雪利酒醋使之浓缩。

一旦打发，加入剪碎的龙蒿和蟹肉，盖上保鲜膜，放入冰箱冷藏备用。

鸡肉的准备和烘烤

预热烤箱到190 ℃。

整鸡内填充分葱、完整的大蒜和新鲜的百里香。

在盆中搅打黄油成膏状，加入芥末、盐和黑胡椒混匀。将黄油混合物涂抹在鸡皮下。把整只鸡放置在烤盘里，接着用刷子涂上花生油。

入烤箱，烘烤1小时。从中途起，时不时打开烤箱，将汁水浇灌在鸡身上。

烤完后，剖解整鸡。去皮，将肉大致切开，包上保鲜膜，将鸡肉块放入冰箱冷藏备用。

夹馅的准备

将圣女果和酸黄瓜对半切开。长叶莴苣择叶，切成条状。沙拉类简单洗净，甩干水分。

切碎蟹肉和油渍番茄。

组装和完成

将面包横着切成两半，分别涂上龙蒿青酱。底部的一半放上长叶莴苣、圣女果和酸黄瓜。混合鸡肉和蛋黄酱，铺在上面，再放上蟹肉和油渍番茄。最后以芝麻菜和皱叶菊苣收尾，合拢两片面包。

---

① 在法国，1汤勺大约对应15 mL的份量，1咖啡勺约5 mL。

山羊奶酪菠菜洛林咸塔

8人份洛林咸塔

洛林咸塔底

500 g 面粉

250 g 黄油

5 g 海盐

3枚蛋黄

100 mL 水

10 g 细砂糖

蛋奶液主体

8枚鸡蛋

200 g 淡奶油

300 g 乳脂含量30%的厚奶油

50 g 薄荷叶

2汤勺第戎芥末

1汤勺卡宴辣椒粉

1汤勺擦碎的肉豆蔻

2咖啡勺海盐

1咖啡勺黑胡椒

内馅

2颗西兰花

500 g 胡萝卜

500 g 西葫芦

250 g 山羊奶酪

1 g 海盐

装饰

1根切丁的胡萝卜

一些西兰花小朵

1根切丁的西葫芦

10枚薄荷芽尖

洛林咸塔底的制作

在装钩的厨师机缸中，混合所有的材料，搅打至面团成形，整成球状，包上保鲜膜，放入冰箱冷藏2小时。

将面团擀成3 mm厚的长方形，大致尺寸为25 cm × 70 cm。填入长55 cm、宽11 cm、高5 cm的长方形模具里，放入冰箱冷冻1小时，防止烘烤时回缩。

蛋奶液主体的制作

将所有原料放入料理杯中，均质。

内馅的准备

洗净所有的蔬菜，将西兰花切成大小一致的小朵，这样烘烤时受热才会均匀。将胡萝卜削皮并切成滚刀状。将西葫芦对半切开，去籽，接着切成半圆形。

煮沸一锅盐水，依次对西兰花小朵、胡萝卜块和半圆西葫芦进行焯水。出锅后，立刻浸入冷水里，沥干后冷却。

将山羊奶酪切成圆片。

组装和完成

预热烤箱到180 ℃。

塔皮内垫一张保护用的锡箔纸（粗糙的那面接触面团），再铺上烘焙重石，入烤箱，风炉空烤30分钟。

拿掉重石和锡箔纸，在塔的底部倒入一半的蛋奶液，放上片状的山羊奶酪和蔬菜，随后加入剩余的蛋奶液，注意不要填满，留出2 cm的空间。

重新入烤箱，风炉180 ℃烘烤35分钟。

烤完后，脱模，装饰一些蔬菜和薄荷芽尖。

伯罗奔尼撒黑橄榄卷

10人份橄榄卷	碧根果奶油
	55 g 黄油
可颂面团	55 g 糖粉
40 mL 全脂牛奶	55 g 碧根果粉
5 g 新鲜酵母	5 g 吉士粉
60 mL 水	1/2枚鸡蛋
26 g 含脂量26%的奶粉	10 mL 朗姆酒
4 g 盐之花	
30 g 细砂糖	**夹馅**
15 g 软化的黄油	50 g 切碎的碧根果
200 g 面粉	50 g 切碎的黑橄榄
140 g 黄油	100 g 黑橄榄酱[①]

卷的制作

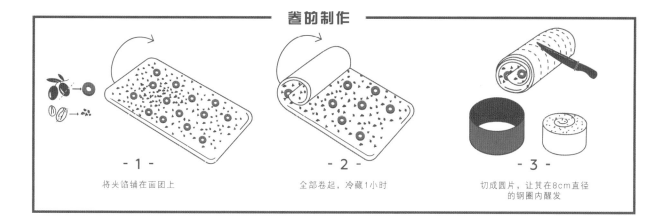

- 1 -
将夹馅铺在面团上

- 2 -
全部卷起，冷藏1小时

- 3 -
切成圆片，让其在8cm直径的钢圈内醒发

---

① 普罗旺斯的一种由黑橄榄糊、刺山柑花蕾、鳀鱼、混合橄榄油制成的冷抹酱。——译者注

面皮层的准备

提前一天，加热牛奶至30 ℃，拌入酵母化开。再将其与水混合，全部倒入配上搅钩的厨师机缸内。加入奶粉、盐之花、细砂糖、软化的黄油和预先筛好的面粉。搅打14分钟，直到成为质地均匀的面团。取出后，放置在两张巧克力玻璃纸或者烘焙油纸之间，摆在不锈钢烤盘上。让面团在室温下醒发1小时，再转入冰箱冷藏至少4小时。

接着为面团排气，即用手掌掌心激烈地拍打面团，使里面的空气排出。整成团后，继续冷藏12小时。

碧根果奶油的制作

制作当日，在装桨的厨师机缸中，放入黄油和预先筛好的糖粉，搅打至膏状，再依次加入碧根果粉、吉士粉、鸡蛋和朗姆酒。盖上保鲜膜，在室温下储存。

卷的制作

将面团擀成40 cm长、15 cm宽的长方形。再将140 g黄油放入两张烘焙油纸之间，擀成26 cm长、15 cm宽的长方形。去除油纸后，将黄油片放置在面团上，最上面的边缘留7 cm，然后将面团从上至下包裹住黄油，进行第一轮三折。

放入冰箱冷藏1小时，接着进行第二轮三折。

放入冰箱冷藏1小时，进行第三轮，即最后一轮三折。

放入冰箱冷藏1小时，再进行整形。

将其擀成2.5 mm厚的可颂酥皮，再切割成大约60 cm长、40 cm宽的长方形（详见115页的插图）。

在酥皮上涂抹碧根果奶油，随后是黑橄榄酱（1）。撒上切碎的碧根果和黑橄榄。接着全部卷起来，转入冰箱冷冻放置1小时（2）。

卷的烘烤

将卷切割成3.5 cm厚的圆片，放入直径为8 cm的钢圈中，在室温（不超过28 ℃）下醒发2小时（3）。

预热烤箱到180℃。

将卷放入铺有烘焙油纸的烤盘上，入烤箱烘烤15分钟。出炉后，冷却到温热，进行脱模，最后放置在烤架上。

三文鱼紫苏千层酥

8人份千层酥

荞麦反转千层酥

160 g 黄油

70 g 面粉

面皮层

60 mL 水

1滴醋

8 g 盐之花

50 g 黄油

120 g 面粉

40 g 荞麦面粉

主体

200 g 厚奶油

100 g 孔泰奶酪

50 g 紫苏叶

2咖啡勺海盐

1咖啡勺黑胡椒

内馅

800 g 新鲜三文鱼柳

1份茴香

20 g 半盐黄油

2 g 海盐

1 g 黑胡椒

完成

1枚蛋黄

油酥和面皮层的制作

提前一天，混合反转千层酥里的黄油和面粉，在两张烘焙油纸之间擀成2 cm厚的长方形，放入冰箱冷藏至使用，此为油酥。

同样提前一天制作面皮层。在装钩的厨师机缸中，按顺序依次混合所有的原料，接着搅打至成团，整成正方形，放入冰箱冷藏24小时。

荞麦反转千层酥的制作

制作当日，将长方形的油酥擀成比面皮层略大的正方形，使其能将后者包裹进去。像信封状一样合拢四角，接着进行一轮三折。重复这个操作5次，在每轮操作之间，放入冰箱冷藏松弛30分钟。

把面团擀成两片3 mm厚的长方形，大约60 cm长、15 cm宽。

主体的制作

均质所有的材料。

内馅的准备

将三文鱼柳切丁，注意去除鱼刺。

洗净茴香，择去叶子，将茎部切丁。锅中融化黄油，倒入茴香丁翻炒，撒上海盐和黑胡椒调味，与三文鱼一起放入主体内。

组装和烘烤

在铺有烘焙油纸的烤盘里摆上第一片长方形酥皮，中间放入内馅，接着摆上第二片长方形酥皮，连接处压紧。用刷子蘸取打散的蛋黄液，涂满酥皮，随后放入冰箱冷藏1小时。

预热烤箱到180 ℃。

第二次刷上打散的蛋黄液，给酥皮上色，接着用小刀微微切割表面。入烤箱，烘烤30分钟。

马鞭草柠檬水

500 mL马鞭草柠檬水

马鞭草糖浆

100 mL 水

50 g 细砂糖

10 g 马鞭草

柠檬水

350 mL 水

70 mL 黄柠汁

30 mL 青柠汁

马鞭草糖浆的制作

提前一天，将细砂糖和水煮至沸腾，然后加入马鞭草，静置24小时，萃取香气。

用料理棒打碎，过筛糖浆。

柠檬水的制作

制作当日，混合所有的柠檬水原料，加入马鞭草糖浆，倒入水杯。

黄瓜青柠紫苏排毒果汁

500 mL 排毒果汁

紫苏糖浆

50 mL 水

25 g 细砂糖

5 g 大片绿紫苏叶

排毒果汁

1根黄瓜

300 mL 紫苏糖浆

50 mL 青柠汁

2枚青柠的皮屑

紫苏糖浆的制作

提前一天，将水和细砂糖煮至沸腾，然后加入紫苏叶，静置24小时，萃取香气。

用料理棒打碎，过筛糖浆。

排毒果汁的制作

制作当日，将黄瓜去皮，放入原汁机榨出400 mL汁水，混合其他所有的原料，倒入水杯。

菠萝生姜香菜汁

500 mL果汁

香菜生姜糖浆

75 mL 水

37 g 细砂糖

5 g 香菜叶

1 g 新鲜生姜

菠萝汁

1颗菠萝

香菜生姜糖浆的制作

提前一天，将水和细砂糖煮至沸腾，然后加入香菜叶和生姜，静置24小时，萃取香气。

用料理棒打碎，过筛糖浆。

菠萝汁的制作

制作当日，将菠萝去皮，放入原汁机榨出400 mL果汁，加上糖浆，倒入水杯。

16点半
下午茶时刻：
旅行蛋糕

在学校放学的时间，闺蜜们边交谈着八卦，边分享一块巧克力香草大理石蛋糕。而爷爷奶奶们，边品尝蛋糕，边听着店铺里播放的美国说唱组合的音乐。也有人来这里进行工作日的收尾，顺带蹭蹭Wi-Fi。有眼泪，有爆笑声，还有生活！这是当我埋首在厨房里时，所想念的一切。这亦是旅行蛋糕时刻：与其他甜点不同，从制作之日起，可放置长达15天的蛋糕。能毫无顾虑地留到第二天，在家吃早餐时享用。对于朴素的蛋糕来说，味道就是王道。我们的蛋糕为何如此柔软，秘诀就在于使用好的新鲜黄油，以及刚出炉就包裹起来以使糕体吸收水蒸气。

焦糖杏仁蛋糕

8人份蛋糕

杏仁蛋糕

1枚大号鸡蛋

175 g 细砂糖

2 g 海盐

10 g 杏仁膏

110 g 面粉

10 g 杏仁粉

3 g 泡打粉

120 mL 淡奶油

75 g 黄油

40 g 杏仁碎粒

1根马达加斯加香草荚

焦糖奶油霜

25 g 细砂糖

15 g 葡萄糖浆

50 mL 淡奶油

1 g 盐之花

15 g 黄油

10 g 牛奶巧克力

2 g 吉利丁片

淋面

150 g 金栗色淋面膏

40 g 牛奶巧克力

15 mL 葡萄籽油

装饰

20 g 杏仁片

20 g 杏仁碎粒

我的技巧

在填充蛋糕前，用蛋抽用力地搅打焦糖奶油霜，使之恢复完美的柔滑质地。

蛋糕的制作

用小锅加热黄油，直到颜色变成浅栗子色，散发出榛子的好闻味道。

在盆中，放入鸡蛋、细砂糖、海盐和将香草荚对半剖开后刮取出的香草籽。搅打至混合物颜色变浅，加进杏仁膏，搅匀，接着像下雨一样倒入预先筛好的面粉和泡打粉，随后倒入杏仁粉和杏仁碎粒。再依次放进淡奶油、温热的榛子焦化黄油，搅拌均匀，盖上保鲜膜，放入冰箱冷藏至使用时取出。

蛋糕的烘烤

预热烤箱到145 ℃。

用一把刷子，将长、宽、高分别为18 cm、8.5 cm、7 cm的蛋糕模具内部轻微刷上一层黄油，再垫上一层烘焙油纸（如果条件许可，请使用如下图所示的专业模具）。将面糊填入，风炉烘烤45~50分钟。出炉后，让其先在架子上冷却5分钟再脱模，扯下烘焙油纸，继续冷却10分钟，随后用保鲜膜贴紧包裹住，放入冰箱冷冻30分钟（详见下面的插图）。

焦糖奶油霜的制作

将吉利丁片在冷水中泡软。

加热淡奶油和盐之花（不要煮沸）。在一个锅中，放入细砂糖和葡萄糖浆，加热至得到琥珀色焦糖。将热的淡奶油冲入其中，中断焦糖化进程。随后加入牛奶巧克力、黄油和泡软且拧干了水分的吉利丁片。均质全部，保鲜膜贴面覆盖，放入冰箱冷藏保存（1）。

淋面的制作

盆中放入淋面膏、切碎的牛奶巧克力和葡萄籽油。用隔水加热法将其融化，得到光滑的混合物。

组装和完成

将焦糖奶油霜搅打至光滑的状态，装入裱花袋内，从冰箱冷冻中取出蛋糕，用一根直径为1.5 cm的管子将蛋糕中心挖洞（2），填充进焦糖奶油霜（3）。

将淋面加热至35 ℃，淋于蛋糕表面和侧面，并用刮刀抹去多余的部分。最后撒上杏仁碎粒和杏仁片。

将蛋糕放入密封盒里，可储存1周。

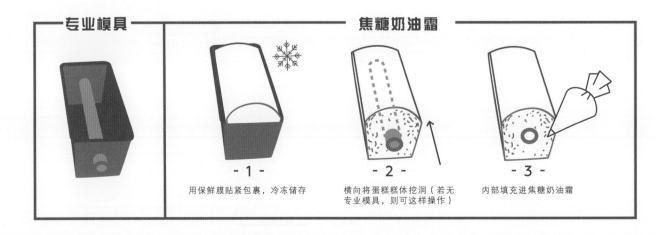

专业模具

焦糖奶油霜

- 1 -
用保鲜膜贴紧包裹，冷冻储存

- 2 -
横向将蛋糕糕体挖洞（若无专业模具，则可这样操作）

- 3 -
内部填充进焦糖奶油霜

巧克力香草大理石蛋糕

8人份大理石蛋糕

大理石蛋糕主体

90 g 黄油

200 g 细砂糖

2 g 海盐

1根马达加斯加香草荚

1枚大号鸡蛋

125 g 面粉

3 g 泡打粉

125 mL 淡奶油

15 g 可可粉

10 mL 朗姆酒

淋面

175 g 棕褐色淋面酱

50 g 牛奶巧克力

20 mL 葡萄籽油

装饰

10 g 巧克力碎粒

大理石蛋糕主体的制作

提前从冰箱冷藏里取出鸡蛋和黄油，在室温下回温。

在盆中，用刮刀将黄油刮软至膏状，加入细砂糖、盐和将香草荚对半剖开后刮取出的香草籽，搅打至混合物颜色变浅。加入鸡蛋，然后像下雨一样撒入面粉和预先筛好的泡打粉，倒入淡奶油，搅拌至得到光滑且质地均匀的膏体。放入冰箱冷藏至使用时取出。

大理石蛋糕的烘烤

预热烤箱到145 ℃。

将面糊称成两份，分别是300 g和290 g。第二份面糊里面加入可可粉，混拌均匀。然后将这两份面糊都分别装入裱花袋。

用一把刷子，将长、宽、高分别为18 cm、8.5 cm、7 cm的蛋糕模具内部轻微刷上一层黄油，再垫上一层烘焙油纸。先倒入巧克力面糊，随后与原味面糊交替着填充进来，最后用刮刀大致混拌一下。

风炉烘烤45~50分钟，出炉后，让其先在架子上冷却5分钟再脱模，并扯下烘焙油纸。静置10分钟，接着拿刷子涂抹上朗姆酒，表面和侧面都要刷，最后用保鲜膜贴紧包裹住，放入冰箱冷冻30分钟。

淋面的制作

盆中放入淋面酱、切碎的牛奶巧克力和葡萄籽油。用隔水加热法将其融化，得到光滑的混合物。

完成

将蛋糕从冰箱冷冻中取出，放回到架子上。用一把刮刀在底部抹上一层淋面，接着在常温下继续放置1小时。

将淋面加热至35 ℃，淋在蛋糕表面和侧面，并用刮刀抹去多余的部分。撒上巧克力碎粒装饰。

将蛋糕放入密封盒里，可储存1周。

覆盆子龙蒿蛋糕

8人份蛋糕

覆盆子蛋糕

90 g 黄油

190 g 细砂糖

2 g 海盐

1枚大号鸡蛋

135 g 面粉

3 g 泡打粉

125 mL 淡奶油

6 g 龙蒿叶

25 g 覆盆子干果粒

覆盆子粉末

15 g 覆盆子干果粒

柠檬淋面

50 g 糖粉

20 mL 黄柠汁

龙蒿奶油的萃取

提前一天，加热一半的淡奶油和龙蒿叶，再倒入剩余的淡奶油，混合均匀，放入冰箱冷藏，让其静置24小时，萃取出香气。

蛋糕的制作

制作当日，加热萃取后的龙蒿奶油，均质，过筛。

在盆中，用刮刀将黄油刮软至膏状，加入细砂糖和海盐，搅打至混合物颜色变浅。接着放入覆盆子干果粒和鸡蛋，随后像下雨一样撒入预先筛好的面粉和泡打粉。再加入萃取后的龙蒿奶油，搅拌成质地均匀的面糊。放入冰箱冷藏备用。

蛋糕的烘烤

预热烤箱到145℃。

用一把刷子，将长、宽、高分别为18 cm、8.5 cm、7 cm的蛋糕模具内部轻微刷上一层黄油，再垫上一层烘焙油纸。将面糊倒入模具内，风炉烘烤45~50分钟，出炉后，让其在架子上冷却5分钟，然后脱模扯下烘焙油纸。用保鲜膜贴紧包裹住，放入冰箱冷冻30分钟。

覆盆子粉末的制作

将覆盆子干果粒均质成粉末状，储存备用。

柠檬淋面的制作

将黄柠汁和糖粉混合，用蛋抽搅匀，备用。

组装

预热烤箱到170 ℃。

从冰箱冷冻里取出蛋糕，放置在架子上。淋上淋面，并用刮刀抹去多余的部分。继续入烤箱烘烤2分钟，最后在表面撒上覆盆子粉。

将蛋糕放入密封盒里，可储存1周。

青柠薄荷蛋糕

8人份蛋糕

青柠薄荷蛋糕

50 g 黄油

200 g 细砂糖

2 g 海盐

2枚青柠的皮屑

1枚大号鸡蛋

150 g 面粉

2 g 泡打粉

150 mL 淡奶油

5 g 薄荷叶

70 mL 青柠汁

青柠粉末

2枚青柠

青柠淋面

50 g 糖粉

20 mL 青柠汁

蛋糕主体的制作

提前从冰箱冷藏里取出鸡蛋和黄油，在室温下回温。

在盆中，用刮刀将黄油刮软至膏状，倒入细砂糖和海盐。均质青柠的皮屑和薄荷叶，加入进来。搅打至混合物颜色变浅，随后放入鸡蛋，像下雨一样撒入预先筛好的面粉和泡打粉。最后倒入淡奶油，搅拌至得到光滑且质地均匀的膏体。放入冰箱冷藏备用。

青柠粉末的制作

洗净柠檬，用削皮刀将表皮削下来，注意不要刮到白色的部分，会发苦。放在烤盘上，烤箱70 ℃烘烤1小时去除水分。均质后过筛，储存备用。

蛋糕的烘烤

预热烤箱到145 ℃。

用一把刷子，将长、宽、高分别为18 cm、8.5 cm、7 cm的蛋糕模具内部轻微刷上一层黄油，再垫上一层烘焙油纸。将面糊倒进模具内，风炉烘烤45~50分钟。出炉后，让其在架子上冷却5分钟，然后脱模扯下烘焙油纸。再让其静置10分钟，接着用刷子在蛋糕表面和四周涂抹青柠汁。用保鲜膜贴紧包裹住，放入冰箱冷冻30分钟。

青柠淋面的制作

将青柠汁和糖粉混合，用蛋抽搅匀，备用。

完成

预热烤箱到170 ℃。

从冰箱冷冻里取出蛋糕，放置在架子上，淋上淋面，并用刮刀抹去多余的部分。表面撒上青柠粉，继续入烤箱烘烤2分钟，且淋面融化。

更多口味

你们也可以把这枚蛋糕做成有机柠檬的版本。将薄荷去除，
并用有机黄柠檬取代青柠檬。

盐之花金砖

10枚金砖

主体部分

150 g 黄砂糖

50 g 杏仁粉

4枚蛋白

120 g 半盐焦化榛子黄油

50 g 面粉

1 g 盐之花

1根马达加斯加香草荚

金砖面糊的制作

加热黄油直到变成浅栗子色，且散发出榛子的香气。

在盆内混拌黄砂糖、杏仁粉、预先筛好的面粉、盐之花和将香草荚对半剖开后刮取出的香草籽。再放入蛋白，接着是温热的焦化榛子黄油。搅拌均匀，盖上保鲜膜，放入冰箱冷藏。

金砖的烘烤

预热烤箱到180 ℃。

用裱花袋在每枚尺寸为8 cm×2.5 cm的长方形硅胶模具里，挤入40 g面糊。入烤箱，烘烤10分钟。出炉后，放在架子上冷却后脱模。

有机柠檬玛德琳

10枚有机柠檬玛德琳

玛德琳主体

1.5枚鸡蛋

65 g 细砂糖

15 g 蜂蜜

30 mL 全脂牛奶

100 g 黄油

100 g T45面粉

5 g 泡打粉

2枚有机黄柠檬的皮屑

黄柠果糊

3枚有机黄柠檬

300 mL 水

150 g 细砂糖

黄柠粉末

2枚有机黄柠檬

黄柠淋面

100 g 糖粉

20 mL 黄柠汁

玛德琳主体的制作

提前一天，加热黄油直到变成浅栗子色，且散发出榛子的香气。

制作当日，在盆中混合鸡蛋和细砂糖，倒入牛奶和蜂蜜，接着是预先筛好的面粉和泡打粉，搅拌均匀，随后加入温热的焦化榛子黄油和擦好的柠檬皮屑，搅拌至得到质地匀称的面糊。保鲜膜贴面覆盖，放入冰箱冷藏24小时。

黄柠粉末的制作

制作当日，洗净柠檬，用削皮刀刮下表皮，注意不要刮到白色的部分，会发苦。放入烤盘，入烤箱70 ℃烘烤1小时去除水分，均质后过筛，储存备用。

黄柠果糊的制作

将柠檬在沸水里煮过，随即浸泡在冷水里，焯去涩味。重复这个步骤5次。随后细细地切碎皮和果肉，放入锅中和细砂糖、水一起，小火慢渍2小时。

黄柠淋面的制作

将糖粉和黄柠檬汁混合，用蛋抽搅匀，备用。

玛德琳的制作

预热烤箱到210 ℃。

用带圆形裱花嘴的裱花袋，在每枚玛德琳模具里挤入30 g面糊。入烤箱210 ℃烘烤30秒，随后降低温度到170 ℃，继续烘烤4分钟。

不要关掉烤箱，将玛德琳取出，脱模，蘸取淋面，然后摆放在预先铺有烘焙油纸的架子上，入烤箱继续烘烤2分钟。表面撒上黄柠粉末，彻底冷却后，用带花嘴的裱花袋将黄柠果糊填充进去。

榛子玛德琳

10枚榛子玛德琳

榛子帕里尼

100 g 榛子

50 g 细砂糖

1 g 盐之花

玛德琳主体

1.5枚鸡蛋

65 g 细砂糖

15 g 蜂蜜

30 mL 全脂牛奶

100 g 黄油

100 g T45面粉

5 g 泡打粉

20 g 榛子帕里尼

装饰

榛子碎粒

榛子片

榛子帕里尼的制作

提前一天，预热烤箱到170 ℃。将榛子摊开放在烤盘上，烘烤6分钟上色。

在锅中无水干烧细砂糖，直到变成琥珀焦糖色，倒入烘烤后的榛子，不停搅拌。让其冷却后，与盐之花一起，均质成膏状，储存备用。

玛德琳主体的制作

提前一天，加热黄油直到变成浅栗子色，且散发出榛子的香气。

制作当日，在盆中混合鸡蛋和细砂糖，倒入牛奶和蜂蜜，接着是预先筛好的面粉和泡打粉，搅拌均匀，随后加入温热的焦化榛子黄油和榛子帕里尼，搅拌至得到质地匀称的面糊。保鲜膜贴面覆盖，放入冰箱冷藏24小时。

玛德琳的烘烤

预热烤箱到210 ℃。

用带圆形裱花嘴的裱花袋，在每枚玛德琳模具里挤入30 g面糊，表面撒上榛子碎粒和榛子片。入烤箱210 ℃烘烤30秒，随后降低温度到170 ℃，继续烘烤4分钟。

出炉后，脱模，彻底冷却后，用带花嘴的裱花袋将榛子帕里尼填充进玛德琳。

开心果玛德琳

10枚开心果玛德琳

开心果膏

100 g 开心果

1 g 盐之花

玛德琳主体

1.5枚鸡蛋

65 g 细砂糖

15 g 蜂蜜

30 mL 全脂牛奶

100 g 黄油

100 g T45面粉

5 g 泡打粉

20 g 开心果膏

装饰

开心果碎粒

开心果膏的制作

提前一天，预热烤箱到170 ℃。将开心果摊开放在烤盘上，入烤箱烘烤6分钟上色。冷却后加入盐之花，均质，直至得到膏状物。储存备用。

玛德琳主体的制作

提前一天，加热黄油直到变成浅栗子色，且散发出榛子的香气。

制作当日，在盆中混合鸡蛋和细砂糖，倒入牛奶和蜂蜜，接着是预先筛好的面粉和泡打粉，搅拌均匀，随后加入温热的焦化榛子黄油和开心果膏，搅拌至得到质地匀称的面糊。保鲜膜贴面覆盖，放入冰箱冷藏24小时。

玛德琳的烘烤

预热烤箱到210 ℃。

用带圆形花嘴的裱花袋，在每枚玛德琳模具里挤入30 g面糊，表面撒上开心果碎粒。入烤箱210 ℃烘烤30秒，随后降低温度到170 ℃，继续烘烤4分钟。

出炉后，脱模，彻底冷却后，用带花嘴的裱花袋将开心果膏填充进玛德琳。

焦糖巧克力沙布雷

10枚沙布雷

巧克力甜面团

35 g 黄油

30 g 糖粉

1枚蛋黄

60 g T55面粉

15 g 可可粉

布列塔尼沙布雷

50 g 半盐黄油

20 g 黄油

20 g 糖粉

1/4咖啡勺盐之花

3 g 熟蛋黄（煮熟一个鸡蛋，
然后将蛋黄过筛）

60 g T55 面粉

12 g 土豆淀粉

焦糖牛奶巧克力甘纳许

60 mL 淡奶油

65 g 法芙娜焦糖牛奶巧克力（36%）

酥脆帕里尼

40 g 法芙娜占度亚巧克力

20 g 薄脆

1 g 盐之花

巧克力装饰

50 g 黑巧克力

10 g 薄脆

10 g 牛奶巧克力

1 g 盐之花

10 g 巧克力碎粒

沙布雷

巧克力装饰

牛奶巧克力甘纳许

酥脆帕里尼

布列塔尼沙布雷

甜面团

巧克力甜面团的制作

在装桨的厨师机缸中，混合黄油和预先筛好的糖粉直至得到膏状物。加入蛋黄，接着是筛好的面粉和可可粉，混拌均匀，成团后，贴上保鲜膜，放入冰箱冷藏1小时。

预热烤箱到170 ℃。

将面团擀开至1.5 mm厚，用直径为8 cm的切模刻出10块圆片。风炉烘烤4分钟。

布列塔尼沙布雷的制作

在装桨的厨师机缸中，混合半盐黄油、黄油和预先筛好的糖粉直至成膏状。然后按顺序依次加入盐之花、熟蛋黄、预先筛好的面粉和土豆淀粉。成团后，贴上保鲜膜，放入冰箱冷藏1小时。

预热烤箱到170 ℃。

将面团擀开至6 mm厚，用直径为8 cm的切模刻出10块圆片。中间再用直径为3.5 cm的另一枚切模镂空。将得到的圆环放入直径为8 cm的圆形模具内，入烤箱烘烤12分钟。

酥脆帕里尼的制作

融化占度亚巧克力，加入薄脆和盐之花，混拌均匀。将其放入两张烘焙油纸之间，擀压成4 mm的高度，接着用直径为3.5 cm的切模刻出10块圆片。

巧克力装饰的制作（详见第34页的调温曲线图）

混合所有的装饰用原料（除了黑巧克力）来制作装饰碎屑。

用厨房温度计检测调温的温度，先融化黑巧克力至55 ℃，接着降温至28 ℃，再回升到31 ℃。将调好温的巧克力抹平在巧克力玻璃纸上，撒上装饰碎屑，然后让其凝固2分钟。接着切割出直径为8 cm的圆片，在室温下放置30分钟，最后从玻璃纸上剥落下来。

焦糖牛奶巧克力甘纳许的制作

煮沸淡奶油，分3次倒在焦糖牛奶巧克力上，混匀，让其冷却。

组装和完成

在每一块甜面团上放置一片布列塔尼沙布雷，中空处填上一份酥脆帕里尼圆片，用裱花袋挤上焦糖牛奶巧克力甘纳许，最后在顶层叠上一枚巧克力装饰圆片。

我的技巧

温度的变化，使得黑巧克力能达到调好温的状态，即晶体稳定，凝固成型，外表富有光泽（详见第34页的调温曲线图）。

碧根果-巧克力
芝麻帕里尼曲奇

10枚曲奇

芝麻帕里尼

100 g 芝麻粒

50 g 细砂糖

2 g 盐之花

曲奇主体

80 g 黄油

60 g 细砂糖

40 g 黄砂糖

40 g 马斯科瓦多粗红糖

1枚小号鸡蛋

160 g 面粉

2 g 海盐

1 g 小苏打

130 g 黑巧克力

50 g 碧根果

芝麻帕里尼的制作

锅中无水干烧细砂糖至琥珀焦糖色，边倒入芝麻粒边搅拌。冷却后，与盐之花均质，直到得到膏状物。在室温下储存备用。

曲奇主体的制作

预热烤箱到170 ℃。

将碧根果放置在烤盘上，入烤箱烘烤8分钟，直到上色。

在盆中，用蛋抽搅匀黄油和三种糖，直至成奶油霜质地。加入鸡蛋、预先筛好的面粉、海盐和小苏打，搅拌，放入黑巧克力，最后倒进烘烤上色的碧根果。

曲奇的烘烤和完成

预热烤箱到200 ℃。

将面团擀开至1.5 cm的厚度，切成边长为7 cm的正方块，放入铺有烘焙油纸的烤盘内，入烤箱烘烤6分钟。出炉后，将其放置在架子上。

将芝麻帕里尼装入烘焙油纸制成的小圆锥裱花袋内，在曲奇表面挤上细的规则的线条。

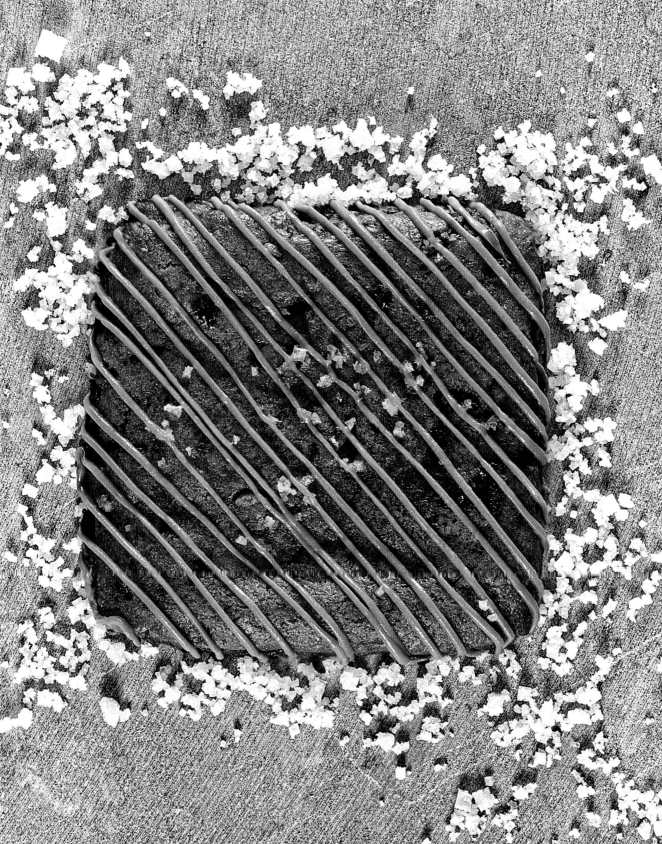

盐之花巧克力软心蛋糕

10枚软心蛋糕

软心蛋糕主体

40 g 黄油

85 g 细砂糖

1 g 海盐

1/2枚鸡蛋

60 g 面粉

1 g 泡打粉

40 mL 淡奶油

6 g 可可粉

18 g 黑巧克力

18 g 切碎的黑巧克力

装饰

20 g 可可碎粒

软心蛋糕主体的制作

提前一天，在盆中用蛋抽搅匀黄油和细砂糖，直至成奶油霜质地。加入鸡蛋、预先筛好的面粉、泡打粉、海盐和可可粉。

加热奶油至沸腾，浇入18 g黑巧克力内，混拌均匀，再倒入前一个步骤所制得的混合物里。最后加入切碎的黑巧克力，贴上保鲜膜，放入冰箱冷藏过夜。

软心蛋糕的烘烤

制作当日，预热烤箱到180 ℃。

用带圆头花嘴的裱花袋在每个模具中挤入20 g面糊，表面撒上可可碎粒。入烤箱烘烤9分钟。

布列塔尼黑麦黄油饼干

8人份黄油饼干

黄油饼干

1枚蛋黄

85 g 细砂糖

260 g 半盐黄油

15 mL 全脂牛奶

150 g 面粉

50 g 黑麦面粉

3 g 泡打粉

完成

1/2枚蛋黄

黄油饼干主体的制作

在盆中放入细砂糖和半盐黄油，搅拌至奶油霜质地。加入牛奶和蛋黄，然后是预先筛好的两种面粉和泡打粉，混拌均匀。

将面团擀开至1.5 cm厚，放在硅胶垫上，保鲜膜贴面覆盖，放入冰箱冷藏2小时。

黄油饼干的烘烤

预热烤箱到170 ℃。

用直径为8 cm的切模刻出圆片状的饼干，放在预先铺有烘焙油纸的烤盘上，接着用刷子蘸取打散的蛋黄液，涂在饼干上，起上色之用。用叉子的齿在表面划出条纹。入烤箱烘烤7分钟。出炉后，让其在架子上冷却。

将这些小饼干放在密封盒里，可以储存1周。

布列塔尼流淌在我的血液里！虽然我出生在巴黎，但是所有的假期我都在布列坦尼阿旺桥（Pont-Aven）度过，那里住着我的祖父母。所以很自然的，我在咸黄油和丰盛的早餐中长大。这是永不磨灭的回忆。每次回去依旧非常愉悦，这个地区对我而言，是放松的同义词。我深爱它自然狂野的一面和此地诚挚的人们。我超爱在这里钓鱼、划船，四周的安谧每每能将我治愈。在下一页向大家介绍的布列塔尼李子蛋糕，就是我祖母的配方。看上去很简单，却非常美味！至于我的好味（Traou mad①）系列，我用黑麦进行了重新演绎。大家在我的甜点中会经常尝到这个元素：当它被极好地运用时，能创造出蛋糕强烈的风味和独一性，同时亦能赋予蛋糕一抹优雅与纤细之色。特别是，它能告诉我我是谁，来自哪里。

---

① Traou mad为布列塔尼语中好物的意思，亦是黄油饼干的一个品牌。——译者注

祖母的李子蛋糕

8人份李子蛋糕

李子蛋糕主体

120 g 面粉

130 g 细砂糖

5 g 盐之花

1根马达加斯加香草荚

4枚鸡蛋

500 mL 全脂牛奶

50 g 朗姆酒

50 g 黄油

内馅

50枚李子

李子蛋糕主体的制作

融化黄油。

在盆中放入细砂糖、鸡蛋，搅打至颜色变浅。加入预先筛好的面粉、牛奶、盐之花和将香草荚对半剖开后刮取出的香草籽。接着倒入融化好的黄油和朗姆酒，搅拌成质地均匀的面糊。

李子蛋糕的烘烤

预热烤箱到145 ℃。

准备一枚直径为18 cm的模具，内里垫有烘焙油纸，底部放上李子，将主体面糊倒入。入烤箱烘烤45分钟。出炉冷却后品尝。

可丽饼

10张可丽饼

可丽饼面糊

300 mL 全脂牛奶

1枚蛋黄

1枚鸡蛋

40 g 糖粉

120 g 面粉

50 g 黄油

6 mL 柑曼怡橙酒

抹酱

15 g 葡萄糖浆

150 mL 淡奶油

15 g 细砂糖

15 mL 水

150 g 法芙娜占度亚巧克力

15 mL 葡萄籽油

37 g 黑巧克力

可丽饼面糊的制作

提前一天，在盆中搅匀糖粉、鸡蛋和蛋黄。加入预先筛好的面粉和牛奶，接着倒进提前融化好的黄油和柑曼怡橙酒。放入冰箱冷藏静置24小时。

抹酱的准备

提前一天，将水和细砂糖煮至沸腾，接着加入淡奶油和葡萄糖浆，搅匀并加热至再次沸腾。在装有占度亚巧克力和黑巧克力的盆中，将制作好的热的液体倒进去，搅拌至全部融化，随后加入葡萄籽油。均质后装入罐子。

可丽饼的烘制

制作当日，在热的平底锅里，将面糊（每片可丽饼需要30 g面糊）倒入，两面煎至金黄，出锅后放入碟子里，吃的时候配抹酱。

布列塔尼蛋糕

8人份布列塔尼蛋糕

布列塔尼蛋糕主体

3枚蛋黄

125 g 细砂糖

250 g 半盐黄油

180 g 面粉

3 g 泡打粉

完成

1/2枚蛋黄

布列塔尼蛋糕主体的制作

在盆中放入细砂糖和半盐黄油，搅拌至奶油霜质地。依次加入蛋黄和预先筛好的面粉和泡打粉，再次搅拌均匀。

将面团擀开至1.6 cm厚，放在硅胶垫上，保鲜膜贴面覆盖，放入冰箱冷藏2小时。

布列塔尼蛋糕的烘烤

预热烤箱到170 ℃。

将面团切割成直径为20 cm的圆片状，放在预先铺有烘焙油纸的烤盘上，接着用刷子蘸取打散的蛋黄液，涂在上面，让其烘烤时可以上色。最后用叉子的齿划出条纹，入烤箱烘烤18分钟。出炉后放在架子上冷却。

18点
分享的甜点

　　晚上，典型的客人就是特别急的那种，会对我们说"我好担心你们关门了"。他肯定是被邀请去吃晚餐，并且要带去一份甜点！我们会向他推荐我们的奇幻蛋白霜、巴黎布雷斯特、柠檬塔，以及朴素的、装饰和内里保持一致的蛋糕。就我个人而言，我喜欢大蛋糕，比起单人份的尺寸，它的味道能更好地散发出来，更浓郁、更好吃。就像在奶酪里，最好吃的就是内芯！在家里，你们可以尝试着做这些大尺寸的甜点，第一次做时请完全按照书里的方法，之后就可以按照你们自己的口味进行调整，比如更换一味原料。我们始终要遵循内心的喜好，就像我们店铺的标志——狐狸一样，天生是喜爱自由的动物。

栗子橘塔

8人份栗子橘塔

栗子打发甘纳许

50 mL 淡奶油

60 g 栗子膏

60 g 栗子奶油

15 g 牛奶巧克力

2 g 吉利丁片

100 mL 淡奶油

法式−瑞士蛋白霜

3枚蛋白

100 g 细砂糖

100 g 糖粉

甜酥塔皮

60 g 黄油

38 g 糖粉

12 g 杏仁粉

1/4咖啡勺盐之花

1/2枚鸡蛋

100 g T55 面粉

栗子内馅

100 g 栗子膏

100 g 栗子奶油

橘子夹心

100 g 橘子果蓉

3 g 琼脂

橘粉

2枚橘子

装饰

橘子果肉块

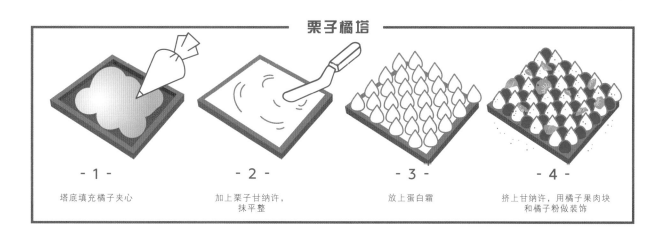

栗子橘塔

- 1 -

塔底填充橘子夹心

- 2 -

加上栗子甘纳许，
抹平整

- 3 -

放上蛋白霜

- 4 -

挤上甘纳许，用橘子果肉块
和橘子粉做装饰

栗子甘纳许的制作

提前一天，煮沸50 mL淡奶油，放入预先泡软且拧干了水分的吉利丁片，搅拌至融化。盆里放入切碎的牛奶巧克力、栗子膏和栗子奶油，将热的淡奶油倒入其中，搅拌均匀。再倒入100 mL淡奶油，混匀，盖上保鲜膜，放入冰箱冷藏24小时。

法式-瑞士蛋白霜的制作

加热一锅水到60 ℃，作隔水加热之用。将蛋白和细砂糖放入一个盆里，再连盆放入热水中，不停搅打，充盈进空气，直到细砂糖全部溶解（取部分尝试，齿间没有糖分的摩擦感即可）。将盆从隔水加热的锅中取出，用电动打蛋器继续打发至降温。最后改用刮刀分次加入预先筛好的糖粉混拌均匀。

预热烤箱到50 ℃。

用带直径为1.4 cm花嘴的裱花袋在铺有烘焙油纸的烤盘上挤出32枚蛋白霜小球，入烤箱，烘烤4小时直至干燥。

橘粉的制作

洗净橘子，用削皮刀削下表皮，放在烤盘上，让其在50 ℃烤箱里烘干3小时。均质后，将筛好的粉末备用。

甜酥塔皮的制作

制作当日，在装桨的厨师机缸中，混合黄油和预先筛好的糖粉，直至成奶油霜质地。加入杏仁粉和盐之花，接着是鸡蛋，再撒上面粉。搅打直至成团，包上保鲜膜，放入冰箱冷藏1小时。

预热烤箱到170 ℃。

将面团擀开至2.5 mm厚，填进边长为16 cm、高度为2.5 cm的正方形模具里，放入烘焙重石，入烤箱空烤15分钟。

栗子内馅的制作

在装桨的厨师机缸中，放入栗子膏和栗子奶油，搅拌均匀。

橘子夹心的制作

加热橘子果蓉到40 ℃，像下雨一样倒入琼脂，加热至沸腾。待其完全冷却后均质。

组装和完成（详见前一页的插图）

用蛋抽打发栗子甘纳许，将其装入裱花袋内，配直径为1.4 cm的花嘴。

拿掉烘焙重石，塔底填入薄薄一层橘子夹心（1）和薄薄一层栗子内馅，接着挤入打发的栗子甘纳许，高度与塔壳齐平，抹平整（2）。

在塔的表面，将4枚蛋白霜（3）和4枚挤出的栗子甘纳许圆球（4）交错着摆成一条直线。重复这个操作，直到这枚塔完全被覆盖。

撒上橘粉和对半切开的橘子果肉块。

柑橘塔

8人份柑橘塔

甜酥塔皮

60 g 黄油
38 g 糖粉
12 g 杏仁粉
1/4咖啡勺盐之花
1/2枚鸡蛋
100 g T55 面粉

杏仁奶油酱

53 g 黄油
53 g 糖粉
53 g 杏仁粉
5 g 吉士粉
1/2枚鸡蛋
10 g 朗姆酒

橙花水奶油霜

120 mL 全脂牛奶
120 mL 淡奶油
4枚小号鸡蛋
30 g 细砂糖
6 g 吉利丁片
10 mL 橙花水

水果

2个西柚
2个橙子
2个血橙
2个柑橘
2个青柠
2个黄柠

装饰

1盒香菜苗

甜酥塔皮的制作

在装桨的厨师机缸中，混合黄油和预先筛好的糖粉，直至得到奶油霜质地。加入杏仁粉和盐之花，接着是鸡蛋，再撒上面粉。搅打直至成团，包上保鲜膜，放入冰箱冷藏1小时。

预热烤箱到170 ℃。

将面团擀开至2.5 mm厚，将一枚直径为16 cm、高度为2.5 cm的圆形塔圈稍稍涂上黄油，放在同样涂抹了黄油的烤盘上。将塔皮填进塔圈，然后底部放上烘焙重石，入烤箱空烤15分钟。

杏仁奶油酱的制作

在装桨的厨师机缸中放入黄油和预先筛好的糖粉，搅打至膏状，逐步加入杏仁粉、吉士粉、鸡蛋和朗姆酒。盖上保鲜膜，在室温下储存。

橙花水奶油霜的制作

将吉利丁片在冷水中泡软。

将牛奶和淡奶油在锅中煮至微沸。在盆里放入蛋黄和细砂糖，打发至颜色变浅，倒进锅中，不停搅拌。第一轮沸腾后离火，放入泡软且拧干了水分的吉利丁片和橙花水。均质全部，得到质地匀称的奶油霜，使用前用蛋抽搅打，恢复顺滑质地。

水果的准备

给所有的水果剥皮，切出果肉，去除白色的经络。

组装和完成

预热烤箱到170 ℃。

拿掉烘焙重石，塔底铺上一层杏仁奶油酱，继续入烤箱烘烤8分钟。待其完全冷却后，填入与塔皮高度齐平的橙花水奶油霜。最后从外至内，精巧地摆放各色柑橘类水果果肉，并装饰香菜苗。

无花果慕斯

8人份慕斯

杏仁膏

150 g 杏仁

15 g 糖粉

杏仁打发甘纳许

120 mL 淡奶油

60 g 白巧克力

4 g 吉利丁片

100 g 杏仁膏

250 mL 冷的淡奶油

杏仁达克瓦兹

135 g 糖粉

135 g 杏仁粉

5枚蛋白

50 g 细砂糖

无花果果糊

300 g 无花果

30 g 蜂蜜

无花果内馅

150 g 无花果果糊

150 g 新鲜无花果块

无花果淋面

30 mL 水

60 g 细砂糖

60 g 葡萄糖浆

30 g 炼乳

3 g 吉利丁片

60 g 白巧克力

30 g 无花果果糊

装饰

4枚新鲜的无花果

杏仁碎粒

杏仁膏的制作

提前一天，将杏仁与糖粉的混合物摊开在烤盘上，入烤箱170 ℃烘烤6分钟。彻底冷却后，均质，直至得到膏状物。

杏仁甘纳许的制作

提前一天，将120 mL淡奶油煮沸，放入预先泡软且拧干了水分的吉利丁片，搅拌至融化。盆中放进切碎的白巧克力和杏仁膏，将前一个步骤制作的热液体倒进去，搅拌，接着加入冷的淡奶油。混匀后保鲜膜贴面覆盖，放入冰箱冷藏24小时。

杏仁达克瓦兹的制作

制作当日，预热烤箱到170 ℃。

打发蛋白和细砂糖，注意不要打得太硬。像下雨一样撒上预先筛好的糖粉和杏仁粉，混拌均匀。用带直径为1.2 cm花嘴的裱花袋在铺有烘焙油纸的烤盘上挤出2块直径为14 cm的圆片，入烤箱，烘烤15分钟。

无花果果糊的制作

小火慢煮无花果和蜂蜜15分钟，然后均质。

无花果内馅的制作

混合无花果果糊和新鲜的无花果块。

无花果淋面的制作

将吉利丁片在冷水中泡软。

锅中加入水、细砂糖和葡萄糖浆，煮至102 ℃。接着加入炼乳和泡软且拧干了水分的吉利丁片，搅拌，然后分3次倒进盛有切碎的白巧克力和无花果果糊的盆中，均质全部，盖上保鲜膜，放入冰箱冷藏储存。

组装和完成

在一枚直径为14 cm的圆形模具中，放入一片达克瓦兹，铺上无花果内馅，盖上第二片达克瓦兹，放入冰箱冷冻30分钟定型。

用蛋抽打发杏仁甘纳许，称300 g填入直径为16 cm、高为5 cm的模具里，抹净边缘，接着将前一个步骤中冷冻的部分也放进去。抹平整后，继续冷冻30分钟。

加热淋面至40 ℃，淋在冷冻慕斯上，并用抹刀抹去多余的部分。最后装饰切成纤薄4瓣的无花果以及杏仁碎粒。

无花果、核桃和紫苏塔

8人份塔	核桃奶油酱
	53 g 黄油
紫苏奶油霜	53 g 糖粉
120 mL 全脂牛奶	53 g 核桃粉
120 mL 淡奶油	5 g 吉士粉
4枚小号蛋黄	1/2枚鸡蛋
30 g 细砂糖	10 g 朗姆酒
6 g 吉利丁片	
20片大片紫苏叶	**无花果果糊**
	300 g 新鲜无花果
	30 g 蜂蜜
甜酥塔皮	
60 g 黄油	
38 g 糖粉	**装饰**
12 g 杏仁粉	10枚切成4瓣的无花果
1/4咖啡勺盐之花	核桃碎粒
1/2枚鸡蛋	1盒紫红色的紫苏苗
100 g T55面粉	

我的技巧

在填进塔底前，为了让紫苏奶油霜恢复柔滑的状态，便于操作，必须提前准备，即用蛋抽用力地搅打，使其重新变回匀称的质地。

紫苏奶油的萃取

提前一天，加热牛奶、一半的淡奶油和紫苏叶。随后倒入剩余的淡奶油，混匀，放入冰箱冷藏12小时，萃取香气。

甜酥塔皮的制作

制作当日，在装桨的厨师机缸中，混合黄油和预先筛好的糖粉，直至得到奶油霜质地。加入杏仁粉和盐之花，接着是鸡蛋，再撒入面粉。搅打直至成团，包上保鲜膜，放入冰箱冷藏1小时。

预热烤箱到170℃。

将面团擀开至2.5 mm厚，将一枚直径为16 cm、高度为2.5 cm的圆形塔圈稍稍涂上黄油，放在同样涂抹了黄油的烤盘上。将塔皮填进塔圈，然后底部放上烘焙重石，入烤箱空烤15分钟。

紫苏奶油霜的制作

加热萃取后的紫苏奶油，均质后过筛。将吉利丁片在冷水中泡软。

在盆中，将蛋黄和细砂糖打发至颜色变浅，浇入紫苏奶油，搅匀，然后煮沸。第一轮沸腾后停止加热，放入泡软且拧干了水分的吉利丁片，搅拌至完全融化。接着均质，使奶油霜质地均匀。保鲜膜贴面覆盖，放入冰箱冷藏备用。使用前用蛋抽打散，使其恢复光滑质地。

核桃奶油酱的制作

在装桨的厨师机缸中放入黄油和预先筛好的糖粉，搅打至膏状，逐步加入核桃粉、吉士粉、鸡蛋和朗姆酒。盖上保鲜膜，在室温下储存。

无花果果糊的制作

小火慢煮无花果和蜂蜜15分钟，然后均质。

组装和完成

预热烤箱到170℃。

拿掉烘焙重石，塔底铺上一层核桃奶油酱，入烤箱烘烤8分钟，等待彻底冷却。

将紫苏奶油霜填至与塔齐平，中间挤上无花果果糊，再均匀摆上切成4瓣的无花果果肉、核桃碎粒和紫红色的紫苏苗。

无花果和核桃：它们在我的创作里是非常常见的一个组合，不仅产自同一季节，而且核桃的粗糙和它浓重的味道能完美地和无花果的水果清甜融合在一起。紫苏，来自亚洲的香料植物，给这份甜点带来了植物的调性和出人意料的一面。

巴黎布雷斯特

8人份布雷斯特

泡芙面糊

100 mL 全脂牛奶

100 mL 水

45 g 黄油

45 mL 葡萄籽油

2 g 海盐

120 g 面粉

3枚鸡蛋

酥皮

50 g 黄油

60 g 黄砂糖

60 g 面粉

20 g 榛子片

1/2枚蛋白

榛子帕里尼

80 g 细砂糖

160 g 榛子

1 g 盐之花

外交官奶油

200 mL 全脂牛奶

2.5枚蛋黄

40 g 细砂糖

6 g 吉士粉

10 g 面粉

2 g 吉利丁片

希布斯特奶油

50 mL 全脂牛奶

110 g 细砂糖

2枚蛋黄

200 g 黄油

20 mL 水

1枚蛋白

帕里尼奶油

280 g 外交官奶油

80 g 榛子帕里尼

100 g 黄油奶油

焦糖榛子

80 g 榛子片

120 g 细砂糖

100 mL 水

装饰

10 g 糖粉

10小片烘烤上色的榛子片

泡芙面糊的制作

将牛奶、水、黄油、葡萄籽油和海盐倒入锅中加热，沸腾后立刻离火，一次性加入所有面粉。回炉，中火炒干面糊中的水分，大约持续1分钟。

将制作好的面糊倒入装桨的厨师机缸中，慢速搅打10分钟，直至彻底冷却。一个接一个地加入鸡蛋，搅打至面糊质地变得光滑。装入带直径为1.8 cm花嘴的裱花袋内，随后在烘焙油纸或者防粘烤垫上挤出一枚直径为18 cm的圆环。盖上保鲜膜，放入冰箱冷冻1小时。

酥皮的制作

混拌黄油、黄砂糖和面粉直到成膏状。夹在两张烘焙油纸之间，擀开至2 mm厚。放入冰箱冷冻30分钟。

一旦酥皮变硬，就将其切割成一块直径为18 cm的圆片。接着用一枚直径为12 cm的切模，将圆片中心镂空。将蛋白轻微地打散，用刷子蘸取少许，涂上薄薄的一层，表面再撒上榛子片，放入冰箱冷冻1小时。

焦糖榛子的制作

煮沸水和糖，离火后，加入榛子片，搅拌。让其在糖浆中浸泡取味30分钟，然后沥干。

预热烤箱到170 ℃，将榛子片摊在烤盘上，入烤箱烘烤15分钟。

榛子帕里尼的制作

预热烤箱到170 ℃，将榛子铺在烤盘上，烘烤上色6分钟。

在锅中无水干烧细砂糖，直至成琥珀焦糖色，加入烘烤上色过的榛子，不停翻拌。冷却后和盐之花一起均质，最终得到膏状物。

外交官奶油的制作

将吉利丁片在冷水中泡软。

在盆中将蛋黄和细砂糖打发至颜色变浅。加入预先筛好的面粉和吉士粉，搅拌。小锅加热牛奶至沸腾，倒入前一个步骤的蛋黄糊内，搅拌。再全部重新倒回锅中，加热至沸腾，全长约3分钟，同时不要停止搅拌。放入泡软且拧干了水分的吉利丁片，搅拌直到完全融化，保鲜膜贴面覆盖，放入冰箱冷藏至使用时取出。

希布斯特奶油的制作

用刮刀将黄油刮压至柔软的膏状。

在盆中，加入蛋黄和50 g细砂糖，打发至颜色变浅。用锅加热牛奶，倒进蛋黄糊内，然后全部倒回锅中煮至82 ℃（用厨房温度计监测，混合物不能煮沸），维持这个温度大约1分30秒，不要停止搅拌，直到液体变稠（用勺子蘸取，能够在勺子背面挂住）。将这份煮好的英式蛋奶酱离火，加入软化的膏状黄油，用电动打蛋器搅打至全部冷却。

将剩余的细砂糖和水加热至120 ℃，倒进蛋白里，用电动打蛋器打发至完全冷却。

混合这两样，保鲜膜贴面覆盖，放入冰箱冷藏备用。

帕里尼奶油的制作

将外交官奶油和榛子帕里尼混合，接着加入预先打发好的黄油奶油。

组装和完成

预热烤箱到180 ℃。

将酥皮圆片盖在泡芙圆环上，入烤箱烘烤22分钟。

烘烤完毕后，将圆环切割成两半，底部的一半铺上帕里尼奶油，撒上焦糖榛子，接着用齿状裱花嘴挤上希布斯特奶油，再重新挤上帕里尼奶油，随后盖上第二片泡芙。表面撒上糖粉和烘烤上色的焦糖榛子片。

薄荷覆盆子圣多诺黑泡芙塔

8人份泡芙塔

香缇奶油

500 mL 淡奶油

50 g 糖粉

1根马达加斯加香草荚

荞麦反转千层酥

160 g 黄油

65 g 面粉

面皮层

60 mL 水

1滴醋

8 g 盐之花

50 g 黄油

120 g 面粉

40 g 荞麦面粉

糖粉

泡芙面糊

50 mL 水

50 mL 全脂牛奶

20 g 黄油

20 mL 葡萄籽油

2 g 海盐

60 g 面粉

2枚小号鸡蛋

酥皮

25 g 黄砂糖

20 g 黄油

25 g 面粉

薄荷奶油霜

120 mL 全脂牛奶

120 mL 淡奶油

4枚蛋黄

30 g 细砂糖

6 g 吉利丁片

8 g 薄荷叶

覆盆子夹心

200 g 覆盆子果蓉

4 g 琼脂

200 g 新鲜覆盆子

焦糖

300 g 细砂糖

100 mL 水

75 g 葡萄糖浆

装饰

10粒覆盆子

香草奶油的萃取

提前一天，加热一半的淡奶油、糖粉和将香草荚对半剖开后刮取出的香草籽，再倒进剩下的淡奶油，混合，转入冰箱冷藏，萃取香气24小时。

薄荷奶油的萃取

提前一天，加热牛奶、一半的淡奶油和薄荷叶，再倒进剩下的淡奶油，混合，转入冰箱冷藏，萃取香气24小时。

油酥和面皮层的准备

提前一天，混拌均匀160 g黄油和65 g面粉，在两张烘焙油纸之间擀成2 cm厚的长方形，放入冰箱冷藏至使用时取出，此为油酥。

同样提前一天制作面皮层。在装钩的厨师机缸中，按顺序依次混合所有的原料（除了糖粉），接着搅打至成团，整成正方形，放入冰箱冷藏12小时。

荞麦反转千层酥的制作

制作当日，将长方形的油酥擀成比面皮层略大的正方形，使其能将后者包裹进去。像信封状一样合拢四角，接着进行一轮三折。总共重复这个操作5次，在每轮操作之间，放入冰箱冷藏松弛30分钟。

将千层酥擀开至3 mm厚，放在预先铺有烘焙油纸的烤盘上，转入冰箱冷冻储存1小时，让其变硬，这样有助于烘烤时的定型。

预热烤箱到170 ℃。放入烤盘，烘烤25分钟。

将烤好的千层酥切割成一块直径为16 cm的圆片，翻转，并撒上糖粉。重新放入烤箱，215 ℃烘烤数分钟，让糖粉焦糖化。出炉后，放在架子上冷却。

泡芙面糊的制作

将牛奶、水、黄油、葡萄籽油和海盐倒入锅中加热，沸腾后立刻离火，一次性加入预先筛好的面粉。回炉，中火炒干面糊中的水分，大约持续1分钟。

将制作好的面糊倒入装桨的厨师机缸中，慢速搅打10分钟，直至彻底冷却。一个接一个地加入鸡蛋，搅打至面糊质地变得光滑。装入带直径为8 mm花嘴的裱花袋内，随后在烘焙油纸或防粘烤垫上挤出20枚直径为2.5 cm左右的泡芙。转入冰箱冷冻储存。

酥皮的制作

混合所有的原料直至成团。夹在两张烘焙油纸之间，擀开至1.5 mm厚，转入冰箱冷冻定型30分钟。一旦酥皮质地变硬，用直径为2.5 cm的切模切割出20块圆片。

泡芙的烘烤

预热烤箱到180 ℃。

将酥皮放在泡芙上，入烤箱烘烤12分钟，出炉后放在架子上冷却。

薄荷奶油霜的制作

加热萃取后的薄荷奶油，均质后过筛。将吉利丁片在冷水中泡软。

在盆中，将蛋黄和细砂糖打发至颜色变浅，倒入薄荷奶油，混匀后煮沸。第一轮沸腾后停止加热，加入泡软且拧干了水分的吉利丁片，搅拌至完全融化。接着均质，使奶油霜质地均匀，保鲜膜贴面覆盖，在室温下储存。使用前用蛋抽打散，使其恢复光滑质地。

覆盆子夹心的制作

将覆盆子果蓉加热至40 ℃，像下雨一样撒入琼脂粉，煮至沸腾。

让其彻底冷却，然后均质。再加入切成两半的覆盆子。

焦糖的制作

在锅中放入细砂糖、水和葡萄糖浆，煮至160 ℃。

组装和完成（详见底部插图）

将冷的香草奶油打发成香缇奶油。

泡芙一旦冷却，用带花嘴的裱花袋将薄荷奶油霜和覆盆子夹心填充进去。蘸上焦糖，并将带焦糖的这一面置于直径为4 cm的硅胶半球模具内。

在千层酥的中间铺上薄荷奶油霜打底（1），加上覆盆子内馅，再盖上奶油霜。在四周摆放14枚泡芙（2），借助于圣多诺黑形状的花嘴，挤上香缇奶油（3），最后继续叠放6枚泡芙，装饰上6枚对半切开的覆盆子（4）。

覆盆子圣多诺黑泡芙塔

- 1 -

在千层酥底，中间部位挤上
薄荷奶油霜和覆盆子内馅

- 2 -

四周摆放泡芙

- 3 -

挤上香缇奶油

- 4 -

装饰上6枚覆盆子

青柠塔

8人份青柠塔

法式—瑞士蛋白霜

3枚蛋白

100 g 细砂糖

100 g 糖粉

青柠粉

2枚青柠

甜酥塔皮

60 g 黄油

38 g 糖粉

12 g 杏仁粉

1/4咖啡勺盐之花

1/2枚鸡蛋

100 g T55 面粉

青柠奶油霜

100 g 青柠果蓉

100 g 细砂糖

3枚鸡蛋

6枚蛋黄

4 g 吉利丁片

200 g 黄油

2枚青柠的皮屑

青柠内馅

100 g 青柠果蓉

3 g 琼脂

10 g 细砂糖

1枚青柠的皮屑

装饰

青柠果肉块

法式-瑞士蛋白霜的制作

加热一锅水到60 ℃，作隔水加热之用。将蛋白和细砂糖放入一个盆里，再连盆置于热水中，不停搅打，充盈进空气，直到细砂糖全部溶解（取部分尝试，齿间没有糖分的摩擦感即可）。将盆从隔水加热的锅中取出，用电动打蛋器继续打发至降温。最后改用刮刀分次加入预先筛好的糖粉混拌均匀。

预热烤箱到50 ℃。

用带直径为1.4 cm花嘴的裱花袋在铺有烘焙油纸的烤盘上挤出32枚蛋白霜小球，入烤箱，烘烤4小时，去除水分。

青柠粉的制作

将青柠洗净，用削皮刀刮下表皮。

将它们放置在烤盘上，在烤箱中50 ℃烘烤3小时。均质，然后将获得的粉末保存备用。

甜酥塔皮的制作

制作当日，在装桨的厨师机缸中，混合黄油和预先筛好的糖粉，直至成奶油霜质地。加入杏仁粉和盐之花，接着是鸡蛋，再撒上面粉。搅打至成团，包上保鲜膜，放入冰箱冷藏1小时。

预热烤箱到170 ℃。

将面团擀开至2.5 mm厚，填进边长为16 cm的正方形模具内，铺上烘焙重石，入烤箱空烤15分钟。

青柠奶油霜的制作

将吉利丁片在冷水中泡软。

在盆中放进青柠果蓉、细砂糖、鸡蛋和蛋黄，隔水加热至85 ℃。放入泡软且拧干了水分的吉利丁片和擦下的青柠皮屑，当混合物降至45 ℃时，加入黄油。均质，使奶油霜质地一致。盖上保鲜膜，放入冰箱冷藏储存，在使用前用蛋抽打散，使其恢复顺滑质地。

青柠内馅的制作

加热青柠果蓉至40 ℃，像下雨一样撒进琼脂，加入细砂糖。煮至85 ℃，让其彻底冷却，然后和青柠皮屑一起均质。

组装和完成

先在塔底填上一层薄薄的青柠内馅，再挤入青柠奶油霜，直至与塔平行，抹平整。在塔的表面，同一条水平线上，将4枚蛋白霜小球和用直径为1.4 cm的裱花嘴挤出的4枚青柠奶油霜小球交错摆放。重复这个步骤，直到整枚塔都被覆盖。最后撒上青柠粉和对半切开的青柠果肉块。

加勒比

8人份慕斯　　　　**牛奶淋面**

　　　　　　　　　　　30 mL 水

牛奶巧克力打发甘纳许　60 g 细砂糖

120 mL 淡奶油　　　　60 g 葡萄糖浆

60 g 牛奶巧克力　　　　30 g 炼乳

4 g 吉利丁片　　　　　3 g 吉利丁片

250 mL 冷的淡奶油　　　60 g 牛奶巧克力

椰子达克瓦兹　　　　**椰子慕斯**

140 g 糖粉　　　　　　200 g 椰子果蓉

70 g 杏仁粉　　　　　30 g 细砂糖

70 g 椰蓉　　　　　　2 g 吉利丁片

5枚蛋白　　　　　　　150 mL 冷的淡奶油

50 g 细砂糖　　　　　30 g 烘烤后的椰蓉

　　　　　　　　　　　10 mL 马利宝椰子酒

半球装饰椰子慕斯

200 g 椰子果蓉

30 g 细砂糖　　　　　**喷砂**

6 g 吉利丁片　　　　　100 g 黑巧克力

150 mL 冷的淡奶油　　100 g 可可脂

　　　　　　　　　　　装饰

　　　　　　　　　　　20 g 椰蓉

我的技巧

　　如果没有喷砂用的空气压缩枪，也可以购买喷油漆的喷枪，都能在蛋糕上喷出天鹅绒般的质感。喷砂时需考虑保护场地，例如架起一个塑料的喷砂防罩，不然会喷得四处都是。

牛奶巧克力甘纳许的制作

提前一天，煮沸120 mL淡奶油，加入预先泡软且拧干了水分的吉利丁片，搅拌至融化。盆中放入切碎的牛奶巧克力，将热的液体倒进去，搅拌，再加入250 mL冷的淡奶油，混匀。盖上保鲜膜，放入冰箱冷藏24小时。

椰子达克瓦兹的制作

预热烤箱到170 ℃。

打发蛋白和细砂糖，注意不要打得太硬。像下雨一样撒上预先筛好的糖粉、杏仁粉和椰蓉，混拌均匀。再用直径为1.2 cm的花嘴在铺有烘焙油纸的烤盘上挤出2块直径为14 cm的圆片，入烤箱，烘烤15分钟。

半球装饰椰子慕斯的制作

用蛋抽打发淡奶油，放入冰箱冷藏至使用时取出。将吉利丁片在冷水中泡软。

加热一半的椰子果蓉和细砂糖，离火放入泡软且拧干了水分的吉利丁片，搅拌至融化。当液体降至20 ℃时，倒入剩下的椰子果蓉和打发的淡奶油，灌进4枚直径为5 cm的半球硅胶模具内。放入冰箱冷冻4小时。

牛奶淋面的制作

将吉利丁片在冷水中泡软。

锅中加入水、细砂糖和葡萄糖浆，加热至102 ℃。接着加入炼乳和泡软且拧干了水分的吉利丁片，搅匀，然后分3次倒进盛有切碎的牛奶巧克力的盆中，均质全部，盖上保鲜膜，放入冰箱冷藏储存。

椰子慕斯的制作

用蛋抽打发淡奶油，放入冰箱冷藏至使用时取出。将吉利丁片在冷水中泡软。

加热一半的椰子果蓉和细砂糖，离火放入泡软且拧干了水分的吉利丁片，搅拌至融化。当液体降至20 ℃时，放入剩下的椰子果蓉、打发的淡奶油、马利宝椰子酒和烘烤后的椰蓉。

组装和完成

在直径为14 cm的圆形慕斯圈里，放入一块达克瓦兹圆片，灌入300 g的椰子慕斯，盖上第二块达克瓦兹，转入冰箱冷冻约30分钟。

打发牛奶巧克力甘纳许，称300 g填入直径为16 cm、高为5 cm的慕斯圈内。接着将前一个步骤中冷冻的部分也放进去。抹平整后，放入冰箱冷冻约30分钟。

加热淋面至40 ℃，淋在冷冻慕斯上，并用抹刀抹去多余的部分，表面撒上椰蓉。

用挖球勺将冷冻的半球装饰椰子掏空。加热喷砂材料里的黑巧克力，取少量装入用烘焙油纸制成的小圆锥裱花袋内，在椰子半球的弧面画上线条。混合剩余的黑巧克力和提前化好的可可脂，倒入喷砂机的喷壶里，将半球的外表喷上巧克力砂，用于模拟打开的椰子，最后摆放在慕斯上。

芒果香草慕斯

8人份慕斯	香草打发甘纳许
	100 mL 淡奶油
金砖比斯基	75 g 白巧克力
50 g 黄砂糖	3 g 吉利丁片
15 g 面粉	220 mL 冷的淡奶油
15 g 杏仁粉	1根马达加斯加香草荚
1枚蛋白	
40 g 半盐黄油	**香草淋面**
	30 mL 水
芒果百香果夹心	60 g 细砂糖
100 g 切成丁的芒果果肉	60 g 葡萄糖浆
20 g 百香果果肉	30 g 炼乳
100 g 百香果果蓉	3 g 吉利丁片
100 g 芒果果蓉	60 g 白巧克力
3 g 琼脂	2根马达加斯加香草荚
热带奶油霜	**芒果香菜夹心**
105 g 芒果果蓉	50 g 芒果果蓉
105 g 椰子果蓉	50 g 百香果果蓉
55 g 百香果果蓉	2 g 琼脂
4枚蛋黄	5 g 香菜叶
1.5枚鸡蛋	
55 g 细砂糖	**完成**
4 g 吉利丁片	50 g 装饰白巧克力
100 g 黄油	1盒香菜苗

金砖面糊的制作

提前一天，加热黄油，直至成浅栗色并且散发出榛子的香气。在盆中混合所有的粉类、糖，加入蛋白，然后是温热的焦化榛子奶油。混拌均匀，盖上保鲜膜，放入冰箱冷藏24小时。

香草奶油的萃取

提前一天，将香草荚对半剖开，用刀尖刮取出香草籽。将香草籽与荚体一起放入100 mL淡奶油中，盖上保鲜膜，放入冰箱冷藏，萃取香气一整晚。

金砖比斯基的烘烤

预热烤箱到170 ℃。

将一枚直径为14 cm的圆形模具微微涂抹上黄油，放在同样涂抹了黄油的烤盘上。倒入金砖面糊。入烤箱烘烤15分钟，出炉后冷却，再切割成1 cm的厚度。

芒果百香果夹心的制作

在一个小锅里，加热芒果和百香果果蓉至40 ℃。像下雨一样倒进琼脂，然后煮沸。冷却后均质。最后加入切好的芒果丁和百香果果肉。放入冰箱冷藏备用。

热带奶油霜的制作

将吉利丁片在冷水中泡软。

在盆中，放入芒果、椰子和百香果果蓉，接着加入鸡蛋、蛋黄和细砂糖，隔水加热至85 ℃。放入泡软且拧干了水分的吉利丁片，当混合物冷却至45 ℃时，加入黄油。均质，得到质地匀称的奶油霜。盖上保鲜膜，储存备用。使用前用蛋抽打散，使其恢复光滑的质地。

香草甘纳许的制作

将萃取后的香草奶油（预先取出香草荚体）煮沸，加入泡软且拧干了水分的吉利丁片，搅至融化。倒入装有切碎的白巧克力的盆中，搅匀，再加入冷的淡奶油。混合均匀，盖上保鲜膜，放入冰箱冷藏备用。

香草淋面的制作

在锅中放入水、将香草荚对半剖开后刮取出的香草籽、细砂糖和葡萄糖浆,一起煮至102℃。加入炼乳和拧干了水分的吉利丁片,搅匀,然后分3次倒在切碎的白巧克力上,均质全部,盖上保鲜膜,放入冰箱冷藏备用。

芒果香菜夹心的制作

加热芒果和百香果果蓉至40℃,像下雨一样撒入琼脂,煮沸。让其彻底冷却,接着加入预先焯过水的香菜叶,均质全部。

组装和完成

在隔水加热的盆里,融化装饰用的白巧克力,一直不停搅拌。当温度达到45℃时,离火继续搅拌,直到温度降至26℃(详见第34页的调温曲线图),用抹刀在一张长为35 cm、宽为4 cm的巧克力玻璃纸上涂抹薄薄一层调好温的巧克力。等待巧克力凝固结晶,随后将这条巧克力带围在直径为16 cm的圆环模具外侧。

在直径为14 cm、高为4 cm的圆形慕斯圈里,铺上一层预先已经打散并恢复了光滑质地的热带奶油霜,将模具内壁也涂抹上一层,转入冰箱冷冻冻硬30分钟。随后挤入芒果百香果夹心,直至慕斯圈3/4的高度,继续冷冻30分钟左右。最后以一层薄薄的热带奶油霜和金砖比斯基收尾。

打发香草甘纳许,称300 g灌入直径为16 cm的模具内,将剩余的甘纳许装入带直径为1.2 cm花嘴的裱花袋里,将模具内抹平,接着放入冷冻备用的前一个步骤完成的夹心部分,让金砖比斯基朝上。抹平,转入冰箱冷冻。

加热香草淋面至40℃,淋在冷冻慕斯上,并用抹刀抹去多余的部分。放入冰箱冷冻30分钟。

用白巧克力围边绕住慕斯,在表面用预留的打发甘纳许奶油挤出小球,用挖球勺将部分球体挖出凹槽,填入芒果百香果夹心。再同样操作其他小球,填入芒果香菜夹心。最后装饰香菜苗。

苹果薄塔

8人份苹果薄塔

荞麦反转千层酥

160 g 黄油

70 g 面粉

面皮层

60 mL 水

1滴醋

8 g 盐之花

50 g 黄油

120 g 面粉

40 g 荞麦面粉

马斯科瓦多粗红糖糖浆
风味苹果

8枚苹果（Belchard①）

300 mL 水

150 g 马斯科瓦多粗红糖

50 g 黄油

3 g 肉桂粉

面皮层的准备

提前一天，混合反转千层酥里的黄油和面粉，在两张烘焙油纸之间擀成2 cm厚的长方形，放入冰箱冷藏至使用时取出，此为油酥。

同样提前一天制作面皮层。在装钩的厨师机缸中，按顺序依次混合所有的原料，接着搅打至成团，整成正方形，放入冰箱冷藏24小时。

马斯科瓦多粗红糖糖浆

制作当日，煮沸水和粗红糖，接着加入黄油和肉桂粉。让其静置萃取1小时。

荞麦反转千层酥的制作

制作当日，将长方形的油酥擀成比面皮层略大的正方形，使其能将后者包裹进去。像信封状一样合拢四角，接着进行一轮三折。总共重复这个操作5次，在每轮操作之间，放入冰箱冷藏松弛30分钟。

组装和完成

预热烤箱到170 ℃。

将酥皮擀开至3 mm厚，整形成圆片状。放在铺有烘焙油纸的烤盘上，先预烤10分钟。将苹果去皮，切成薄片，规律地摆放在酥皮上。

入烤箱，烘烤45分钟。每8分钟取出涂抹一次糖浆，出炉后冷却。

---

① 法国苹果的一个品种，外观是黄色，甜中带酸。——译者注

洋梨杏仁塔

8人份塔

甜酥塔皮

60 g 黄油

38 g 糖粉

12 g 杏仁粉

1/4咖啡勺盐之花

1/2枚鸡蛋

100 g T55面粉

杏仁奶油酱

53 g 黄油

53 g 糖粉

53 g 杏仁粉

5 g 吉士粉

1/2枚鸡蛋

10 g 朗姆酒

梨子糖浆

1 L 水

300 g 细砂糖

150 mL 黄柠檬汁

糖水西洋梨

8枚康蜜丝（Comice）品种西洋梨

装饰

40 g 杏仁片

10 g 装饰糖粉

糖水西洋梨的制作

提前一天，先制作梨子糖浆：煮沸水和细砂糖，加入黄柠檬汁，放入冰箱冷藏，萃取香气1小时。将梨子去皮，切成8瓣，放入糖浆里。转入冰箱冷藏24小时。

甜酥塔皮的制作

在装桨的厨师机缸中，混合黄油和预先筛好的糖粉，直至得到奶油霜质地。加入杏仁粉和盐之花，接着是鸡蛋，再撒上面粉。

将甜酥塔皮擀开至3 mm厚，接着切割成65 cm长、19 cm宽的长方形。填入一枚55 cm长、11.5 cm宽的长方形模具内，放入冰箱冷藏1小时。

杏仁奶油酱的制作

在装桨的厨师机缸中放入黄油和预先筛好的糖粉，搅打至膏状，逐步加入杏仁粉、吉士粉、鸡蛋和朗姆酒，盖上保鲜膜，在室温下储存。

组装和完成

预热烤箱到170 ℃。

在塔底铺上烘焙重石，入烤箱空烤20分钟。

取出重石，塔底铺一层杏仁奶油酱，再均匀地摆上梨子块，并撒上杏仁片，重新放入烤箱，烘烤18分钟左右。出炉后，用小筛网撒上装饰糖粉。

大黄、覆盆子、橙花水塔

8人份塔	甜酥塔皮
	60 g 黄油
橙花水糖浆	38 g 糖粉
100 mL 水	12 g 杏仁粉
50 g 细砂糖	1/4咖啡勺盐之花
20 mL 橙花水	1/2枚鸡蛋
	100 g T55面粉
草莓汁	
200 g 草莓	**杏仁奶油酱**
20 g 糖粉	53 g 黄油
	53 g 糖粉
大黄	53 g 杏仁粉
300 g 大黄	5 g 吉士粉
150 g 橙花水糖浆	1/2枚鸡蛋
75 mL 草莓汁	10 mL 朗姆酒
大黄果糊	**覆盆子**
300 g 大黄	150 g 覆盆子
30 g 糖粉	
30 mL 橙花水	**装饰**
	40 g 杏仁片
	10 g 装饰糖粉

橙花水糖浆的制作

提前一天，煮沸水和细砂糖，冷却后加入橙花水，放入冰箱冷藏12小时备用。

草莓汁的制作

提前一天，准备一锅微沸的水（不超过60 ℃），用于隔水加热。在一个盆中放入草莓和糖粉，连盆放置于热水里，让其煮2小时。将这份草莓果糊过筛，然后称出75 mL的汁水用于大黄。

大黄的制作

提前一天，将大黄茎去皮，然后切成0.5 cm厚的薄片。

将其放入盆中，加入橙花水糖浆和草莓汁。放入冰箱冷藏24小时，使用前沥干水分。

甜酥塔皮的制作

在装桨的厨师机缸中，混合黄油和预先筛好的糖粉，直至成膏状。加入杏仁粉和盐之花，接着是鸡蛋，再撒上面粉。

搅打至成团后，擀成3 mm厚、65 cm长、19 cm宽的长方形。填入一个55 cm长、11.5 cm宽的长方形模具内，盖上保鲜膜，放入冰箱冷藏松弛1小时。

杏仁奶油酱的制作

在装桨的厨师机缸中放入黄油和预先筛好的糖粉，搅打至膏状，逐步加入杏仁粉、吉士粉、鸡蛋和朗姆酒。盖上保鲜膜，在室温下储存。

大黄果糊的制作

将大黄茎剥皮，切成薄片，和糖粉一起小火慢煮30分钟。沥干水分，当果糊冷却后，倒入橙花水。

组装和完成

预热烤箱到170 ℃。

塔内放入烘焙重石，入烤箱，空烤20分钟。

取出重石，塔底铺上薄薄一层杏仁奶油酱（30 g），再依次加入100 g的大黄果糊和100 g的杏仁奶油酱。接着覆盖上沥干的大黄片和切成两半的覆盆子，并撒上杏仁片。重新入烤箱，170 ℃烘烤18分钟。出炉后，在架子上冷却，最后用小筛网撒上装饰糖粉。

草莓蛋糕

8人份草莓蛋糕

杰诺瓦士蛋糕（又名法式全蛋法海绵蛋糕）

5枚鸡蛋

150 g 细砂糖

130 g 面粉

20 g 土豆淀粉

草莓夹馅

200 g 草莓果蓉

4 g 琼脂

200 g 草莓

糖浆蘸液

200 mL 水

80 g 细砂糖

穆斯林奶油

200 mL 全脂牛奶

1根马达加斯加香草荚

60 g 细砂糖

2枚蛋黄

1/2枚鸡蛋

75 g 黄油

16 g 吉士粉

75 g 软化的黄油

完成

500 g 草莓

我的技巧

　　我的草莓蛋糕特别之处在哪里呢？它有极其丰富的——草莓！我们会提前一天进行组装，使得水果和奶油的味道能够合二为一。没有累赘的其他装饰，这个蛋糕本身，就是装饰。但也必须要意识到：组装是很枯燥的过程，需预留出大量时间。然而你的辛劳终会得到补偿：这般精细的工作，同样也是充满趣味的。甜点师和蛋糕之间的紧密连接，在这里体现得淋漓尽致。

香草牛奶的萃取

提前一天，将香草荚对半剖开，用刀尖刮取出香草籽，连着荚体一起泡进牛奶里，放入冰箱冷藏过夜，萃取香气。

杰诺瓦士蛋糕的制作

准备一锅微沸的水做隔水加热之用。在盆中放入鸡蛋和细砂糖，连盆全部放入热水里，加热至45 ℃，不停搅打至混合物颜色变浅，体积膨大3倍。从热水里将盆端出，用电动打蛋器继续搅打，直至完全冷却。接着改用刮刀逐步、轻柔地将预先筛好的面粉和淀粉加入，混拌均匀。

预热烤箱到180 ℃。

将面糊摊开在铺有烘焙油纸的烤盘上，入烤箱烘烤15分钟。出炉后，放置在烤架上冷却，然后切割成2块直径为12 cm的圆片。

草莓夹馅的制作

加热草莓果蓉至40 ℃，像下雨一样倒入琼脂，煮沸。待其完全冷却后均质。放入切成块状的草莓，混合后储存备用。

糖浆蘸液的制作

煮沸水和细砂糖，将糖液过筛，然后让其冷却。用刷子在杰诺瓦士蛋糕的底部涂上糖浆。

穆斯林奶油的制作

在盆中搅匀蛋黄、鸡蛋、细砂糖和吉士粉。

在小锅中煮沸萃取后的香草牛奶。过筛，倒入制作好的蛋黄糊中。重新回炉煮沸，耗时1分钟。最后加入75 g切成块状的黄油，搅拌至完全融化。保鲜膜贴面覆盖，放入冰箱冷藏储存。

组装和完成

用电动打蛋器打匀并混合穆斯林奶油和75 g的软化黄油。

在一张硬质玻璃纸上，放上一枚直径为14 cm的不锈钢圆形慕斯圈。钢圈的底部和内壁都贴上切成圆片状的草莓，接着抹上穆斯林奶油，将每片草莓都盖住。在钢圈的底部，放上一片杰诺瓦士蛋糕，随后挤入草莓夹馅，直至慕斯圈的3/4处，之后再次铺上穆斯林奶油，并以第二片杰诺瓦士蛋糕收尾。盖上保鲜膜，放入冰箱冷藏24小时。食用时，将草莓蛋糕翻转，从不锈钢慕斯圈中脱出。

草莓马鞭草塔

8人份塔

甜酥塔皮

60 g 黄油

38 g 糖粉

12 g 杏仁粉

1/4 咖啡勺盐之花

1/2 枚鸡蛋

100 g T55面粉

杏仁奶油酱

53 g 黄油

53 g 糖粉

53 g 杏仁粉

5 g 吉士粉

1/2 枚鸡蛋

10 g 朗姆酒

马鞭草奶油霜

120 mL 全脂牛奶

120 mL 淡奶油

4枚小号鸡蛋黄

30 g 细砂糖

6 g 吉利丁片

10 g 马鞭草叶

完成

500 g 草莓

10枚对半切开的野草莓

1盒马鞭草苗

马鞭草奶油的萃取

提前一天，将牛奶、一半的淡奶油和马鞭草加热，再倒入剩余的淡奶油，放入冰箱冷藏24小时，萃取香气。

甜酥塔皮的制作

制作当日，在装桨的厨师机缸中，混合黄油和预先筛好的糖粉，直到成奶油霜质地。加入杏仁粉和盐之花，接着是鸡蛋，再撒上面粉。搅打直至成团，包上保鲜膜，放入冰箱冷藏1小时。

预热烤箱到170 ℃。

将面团擀开至2.5 mm厚，填入一个直径为16 cm的圆形模具里，再放入烘焙重石，入烤箱空烤15分钟。

杏仁奶油酱的制作

在装桨的厨师机缸中，放入黄油和预先筛好的糖粉，搅打至膏状。逐步加入杏仁粉、吉士粉、鸡蛋、朗姆酒。盖上保鲜膜，在室温下储存。

马鞭草奶油霜的制作

加热萃取后的马鞭草奶油，均质，过筛。将吉利丁片在冷水中泡软。

在盆中，放入蛋黄和细砂糖，打发至颜色变浅。将马鞭草奶油倒入其中，搅打后煮至沸腾。第一轮沸腾后，就停止加热，放入泡软且拧干了水分的吉利丁片，搅拌至全部融化。均质，得到质地均匀的奶油霜，保鲜膜贴面覆盖，放入冰箱冷藏。使用之前，用蛋抽打散，使其恢复光滑的质地。

组装和完成

预热烤箱到170 ℃。

取出烘焙重石，在塔底铺上薄薄一层杏仁奶油酱，入烤箱继续烘烤8分钟，再待其完全冷却。

将马鞭草奶油霜填至与塔齐平，在上面均匀地摆放切成4瓣的草莓和对半切开的野草莓（详见底部的插图），最后装饰马鞭草苗。

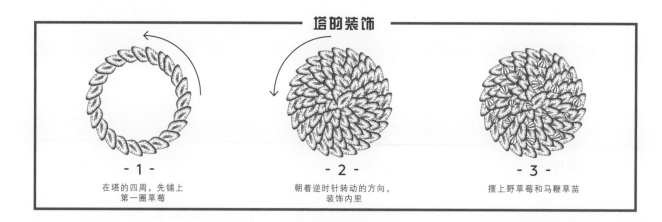

塔的装饰

- 1 -
在塔的四周，先铺上
第一圈草莓

- 2 -
朝着逆时针转动的方向，
装饰内里

- 3 -
摆上野草莓和马鞭草苗

索　引

（按汉语拼音排序）

致　　谢

我的父母安妮和若埃尔·库夫勒尔

多米尼克·安泽尔

阿沃·巴尔德

凯瑟琳·贝拉尔

阿奈·布吕泰尔

尼古拉·比松

夏洛特·科莱

本杰明·德·科特斯

保罗·德拉朗德

弗洛朗·多纳尔

洛朗·福

玛蒂尔德·富基

西尔维·戈捷

辛迪和本杰明·盖杰

劳拉·吉吉

杰勒德·阿乌齐

皮埃尔·埃尔姆

克洛艾和莱奥·朱尔诺

马蒂厄·谵布里

马洛里·莫兰

皮埃尔·莫德

沙利·纳赫马尼

安努奇卡·尼韦尔

拉腊·斯佩兰迪奥

范妮·苏莱尔斯·勒戈夫

夏洛特·图卢兹

托马·维拉特

弗洛里安·瓦兰

萨拉·瓦塞吉

若尔丹·泽顿

第iv页和第1页扬·库夫勒尔与小狐狸一起的照片由尼古拉·布瓦松拍摄，其他照片均为洛朗·福拍摄，并由盘式设计师萨拉·瓦塞吉协助。